U0396662

“互联网+”林业灾害应急管理与应用

张科　主编

浙江工商大学出版社｜杭州

图书在版编目(CIP)数据

“互联网+”林业灾害应急管理与应用 / 张科主编. —杭州：浙江工商大学出版社,2020.5
ISBN 978-7-5178-3757-2

Ⅰ. ①互… Ⅱ. ①张… Ⅲ. ①互联网络—应用—森林—病虫害防治—研究 Ⅳ. ①S763-39

中国版本图书馆 CIP 数据核字(2020)第021755号

“互联网+”林业灾害应急管理与应用
“HULIANWANG+” LINYE ZAIHAI YINGJI GUANLI YU YINGYONG
张　科　主编

责任编辑　王黎明
责任校对　何小玲
封面设计　观止堂_未氓
责任印制　包建辉
出版发行　浙江工商大学出版社
(杭州市教工路198号　邮政编码310012)
(E-mail:zjgsupress@163.com)
(网址:http://www.zjgsupress.com)
电话:0571-89995993,89991806(传真)
排　　版　杭州朝曦图文设计有限公司
印　　刷　浙江全能工艺美术印刷有限公司
开　　本　787mm×1092mm　1/16
印　　张　15.5
字　　数　268千
版 印 次　2020年5月第1版　2020年5月第1次印刷
书　　号　ISBN 978-7-5178-3757-2
定　　价　72.00元

浙江工商大学出版社营销部邮购电话　0571-88904970

编委会

主　编　张　科

副主编　邓忠坚　石　焱

参　编　（按姓氏拼音排序）

崔士伟　高　艺　李　浩　刘志立

楼雄伟　谭　靖　汤天乙　王　玮

徐丽丽　杨永春　叶　影　张　红

序 言

自1994年接入互联网以来，中国互联网的发展取得了举世瞩目的成就。互联网已深刻影响着我国人民的生活、工作和学习方式。“互联网+”是互联网思维的进一步实践成果，让互联网与传统行业进行深度融合，充分发挥互联网的作用，提升全社会的创新力和生产力，形成更广泛的以互联网为基础设施和实现工具的经济发展新形态。

中国拥有丰富的森林资源。林业在贡献社会、生态与经济价值的过程中，也不断遭受着各种灾害的侵袭。林业灾害通常具有突发性强和破坏性大的显著特点。突发性强的特点使得针对林业灾害的救助处理工作较难开展，且对基础设施及管理人员的要求较高。破坏性大的特点表明林业灾害容易造成巨大的经济损失，甚至影响到人民生命财产安全。当前林业灾害应急手段相对落后，对灾害的发生和蔓延难以准确地感知和及时地响应。因此，充分利用互联网、物联网、云计算、大数据等新一代信息技术，通过感知化、物联化、智能化等手段，形成长期有效的林业灾害应急管理模式，十分必要和迫切。

本书针对“互联网+”林业灾害应急管理中所涉及的关键技术进行了较为全面且深入的介绍，从传统的3S（遥感技术、地理信息系统、全球定位系统）技术，到人工智能、大数据、5G等新兴技术，既有基础性的概念阐述，也有前沿研究的分析探讨。同时，对森林火灾、林业有害生物、野生动物疫源疫病等核心林业灾害的防控展开了详细的案例研究。我相信本书对林业管理单位及林业灾害研究的技术人员都会有所帮助，对林业灾害预警及防治措施的进一步完善将发挥积极的作用。

卜佳俊

2019年11月

前 言

21世纪以来，随着信息技术与互联网的迅猛发展，人们的日常生活与传统行业都发生了翻天覆地的变化，林业信息化也得到了快速发展。2016年3月22日，国家林业局正式印发了《“互联网+”林业行动计划——全国林业信息化“十三五”发展规划》。该规划指出，“互联网+”林业建设将紧贴林业改革发展需求，通过8个领域、48项重点工程建设，有力提升林业治理现代化水平，全面支撑引领“十三五”林业各项建设。重点工程的8个领域包括“互联网+”林业政务服务、“互联网+”林业科技创新、“互联网+”林业资源监管、“互联网+”生态修复工程、“互联网+”灾害应急管理、“互联网+”林业产业提升、“互联网+”生态文化发展以及“互联网+”基础能力建设。将信息技术引入林业生产和经营管理中，对传统林业工作手段、工作效率等方面都带来了一场深刻的变革。林业产业与“互联网+”的深度融合具有广阔的应用前景，是现代林业建设的重要组成部分，是促进林业科学发展的重要手段，是关系林业工作全局的战略举措和当务之急。加快推进“互联网+”林业，逐步建立布局科学、高效便捷、先进实用、稳定安全的林业信息化体系，对促进林业决策科学化、办公规范化、监督透明化和服务便捷化，更好地促进提升林业产生的经济效益、生态效益和社会效益，具有十分重要的意义。

2017年，浙江省科技厅重点研发计划项目——“‘互联网+’林业灾害应急管理数据采集技术与应用”正式启动。为加快推进“互联网+”林业的融合发展，结合“浙江省智慧林业云平台”建设，运用信息化手段实现资源调查，广泛应用物联网技术开展研究，改进传统林业灾害监测技术，提升林业灾害监测能力，项目从浙江省林业信息化的现状分析出发，针对林业灾害应急管理体系在传感处理层和应急管理层的关键技术展开研究，建立森林火灾监测、林业有害生物防治和野生动物疫源疫病监测预警防控体系，有效降低森林灾害发生率，项目研究内容紧密联系实际，攻克关键技术，突破项目难点，实现从试点到行业应用的技术转化。项目研究成果在林业、计算机无线网络通信等领域高水平期刊以及国内外学术会议等上已发表15篇学术论文（其中SCI索引6篇），申请国家发明专利6项。设计并实现林业应急管理系统，在应用示范区内使用,获得软件著作权3项。通过"互联网+"林业灾害应急管理的项目建设与实施,在推动林业管理的精确化、现代化和科学化方面取得了实质性的突破和进展。

本书编著的目的在于向广大林业干部职工和技术人员,普及互联网与林业灾害应急管理方面的知识。本书结合项目的开展情况与实际应用成果,从森林火警监测、林业有害生物防治、野生动物疫源疫病防治3个方面介绍了互联网在林业灾害应急管理中的实践与应用,并根据项目实践和应用情况编录了具体案例,这对于有效控制森林火灾、野生动物疫源蔓延并防止疫病传播,针对森林常见病虫害开展监测、预警、预防和防治工作都具有十分重要的意义。我们在本书的写作过程中查阅和参考了大量的国内外资料,力争所编写的内容处于创新前沿,为从事林业信息化管理和系统开发的人员提供基本理论和案例参考,也为林业院校师生及广大林业工作者普及林业信息化知识与应用,促进"互联网+"林业发展提供借鉴。

本书由浙江省林业技术推广总站(浙江省林业信息宣传中心)副主任张科担任主编;西南林业大学副教授邓忠坚、国家林业和草原局管理干部学院教授石焱担任副主编,并负责统稿工作。本书分为7个章节,主要内容包括:"互联网+"林业灾害应急管理概述、"互联网+"林业灾害应急管理主要技术、"互联网+"林业灾害应急管理——森林火灾监测、"互联网+"林业灾害应急管理——林业有害生物防治、"互联网+"林业灾害应急管理——野生动物疫源疫病监测、"互联网+"林业灾害应急综合管理平台建设、国家标准(节选)。全书内容全面,深入浅出,案例丰富,具有很强的参考性和实用性。

在本书编写过程中,编者搜集、参考了大量资料,编写大纲、思路和内容时得到了众多相关专业人士的支持与指导,在此对在本书编写过程中给予帮助的同志谨表谢意:浙江大学教授董玮,上海市林业局科技信息处处长钱杰,四川省林业工作总站站长陈小中,浙江省林业局自然保护地管理处处长吾中良、科学技术处处长何志华,浙江省森林公安局调研员贾伟江,浙江省森林病虫害防治总站二级调研员朱桂寿、四级调研员金沙,浙江省航空护林管理站站长陈顺伟、副科长李少虹,西南林业大学副教授罗旭、副研究员李伟、副研究员向建英、副研究员张媛、助理研究员李晓娜,爱植保科技(杭州)有限公司尹玉凤,浙江托普云农科技股份有限公司龙捷频。

由于时间仓促,加之编者水平有限,书中难免有不当之处、错误之处,祈望读者指正,敬请致信 zjly_xxzx@163.com,衷心感谢!

编　者

2019年11月

目 录

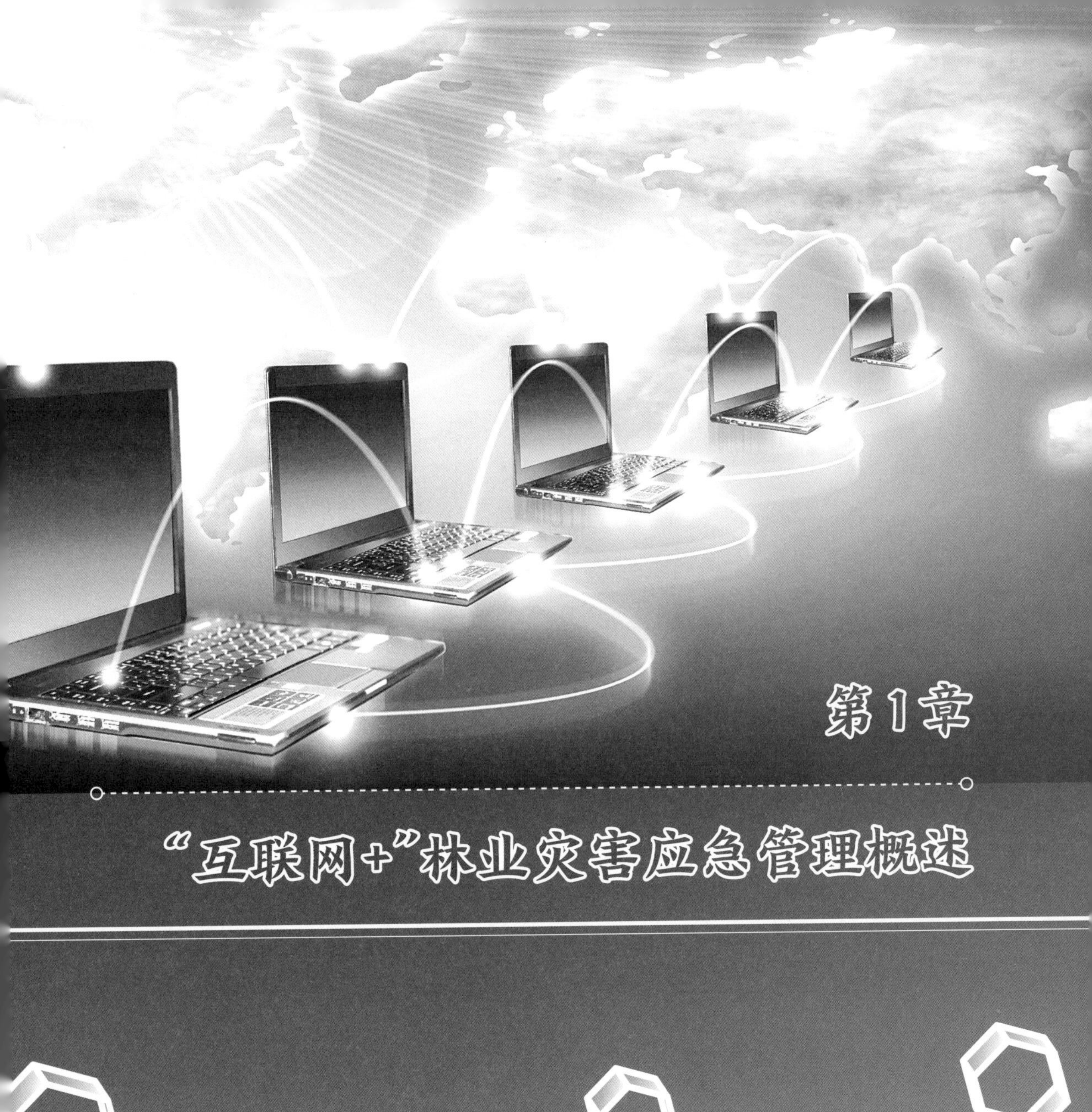

第1章

“互联网+”林业灾害应急管理概述

1.1 互联网的蓬勃发展

1.1.1 互联网与“互联网+”

1.1.1.1 互联网

互联网(Internet),又称国际网络,指的是网络与网络之间所串联成的庞大网络,这些网络以一组通用的协议相连,形成逻辑上的单一巨大国际网络。

自1994年接入互联网以来,中国互联网的发展成果斐然。当前,互联网已深刻影响着我国人民的生活、工作和学习方式。在工业领域,大量互联网企业打造了统一的智能软件服务平台;在金融领域,支付宝横空出世,二维码支付方式打造了消费模式新常态;在零售、电子商务等领域,中国互联网络信息中心(CNNIC)的第44次《中国互联网络发展状况统计报告》中指出,截至2019年6月,中国网民规模达8.54亿,网购用户规模达6.39亿,互联网普及率为61.2%,较2018年底提升1.6个百分点。其中农村网民规模达2.25亿,占整体网民的26.3%,较2018年底增加305万;城镇网民规模为6.3亿,占比达73.7%,较2018年底增加2293万;在通信领域,几乎人人都在采用即时通信App进行文字、语音或视频交流;在交通领域,“互联网+交通”产生了巨大的“化学效应”,比方说打车软件、车票网购、出行导航,大大改善了人们的出行方式。新一代“互联网+”信息技术和创新2.0的交互与发展,势必将重塑物联网、云计算、大数据、人工智能等新一代信息技术的形态,并进一步推动我国经济结构和社会结构的深刻变革。

目前,移动互联网正快速应用到人们生活、工作的各个领域,微信、支付宝、位置服务等丰富多彩的移动互联网应用迅猛发展。移动互联网是指移动通信终端与互联网结合成一体，是用户使用手机、PDA或其他无线终端设备，通过速率较高的移动网络，在移动状态下（如在地铁、公交车上等）随时、随地访问互联网以获取信息，使用商务、娱乐等各种网络服务。通过移动互联网，人们可以使用手机、平板电脑等移动终端设备浏览新闻，还可以使用各种移动互联网应用，例如在线搜索、在线聊天、移动网游、手机电视、在线阅读、网络社区、收听及下载音乐等。其中移动环境下的网页浏览、文件下载、位置服务、在线游戏、视频浏览和下载等是其主流应用。

1.1.1.2 "互联网+"

"互联网+"是指以互联网平台为基础，利用信息通信技术把互联网和传统行业有机结合起来，从而在新领域创造出一种新生态。"互联网+"是创新2.0下互联网发展的新业态，也是知识社会创新2.0推动下的互联网形态演进及其催生的经济社会发展新形态。概念上，"互联网+"是"互联网+各个传统行业"，却不是对两者简单的叠加，而是利用各种信息技术和互联网平台，让互联网与传统行业进行更深层次的融合，从而创造新的社会发展生态。总体上来说，"互联网+"代表了一种新的社会形态，也就是充分发挥互联网技术在社会资源配置中的集成和优化作用，将互联网的创新成果与社会各领域深度融合，提高社会的创新力和生产力。

"互联网+"有六大特征：

一是跨界融合。"+"就是跨界，就是变革，就是开放，就是重塑融合。敢于跨界了，创新的基础就更坚实；融合协同了，群体智能才会实现，从研发到产业化的路径才会更垂直。融合本身也指代身份的融合，客户消费转化为投资，伙伴参与创新，等等。

二是创新驱动。中国粗放的资源驱动型增长方式早就难以为继，必须转变到创新驱动发展这条正确的道路上来。这正是互联网的特质，用所谓的互联网思维来求变、自我革命，也更能发挥创新的力量。

三是重塑结构。信息革命、全球化、互联网业已打破了原有的社会结构、经济结构、地缘结构、文化结构。权力、议事规则、话语权在不断发生变化。互联网+社会治理、虚拟社会治理会是很大的不同。

四是尊重人性。人性的光辉是推动科技进步、经济增长、社会进步、文化繁荣的最根本的力量，互联网的力量之强大最根本的也来源于对人性的最大限度的尊重、对人的体验的敬畏、对人的创造性发挥的重视。例如用户原创内容（User Generated Content，UGC），例如卷入式营销，例如分享经济。

五是开放生态。对于"互联网+"，生态是非常重要的特征，而生态的本身就是开放的。我们推进“互联网+”，其中一个重要的方向就是要把过去制约创新的环节化解掉，把孤岛式创新连接起来，让研发由人性决定走向市场驱动，让创业并努力者有机会实现价值。

六是连接一切。连接是有层次的，可连接性是有差异的，连接的价值是相差很大的，但是连接一切是“互联网+”的目标。

伴随知识社会的来临，无所不在的网络与无所不在的计算、无所不在的数据、无所不在的知识共同驱动了无所不在的创新。新一代信息技术发展催生了创新2.0，而创新2.0又反过来作用于新一代信息技术形态的形成与发展，重塑了物联网、云计算、社会计算、大数据等新一代信息技术的新形态。“互联网+”不仅仅是互联网移动了、泛在了、应用于传统行业了，更会同无所不在的计算、数据、知识，造就了无所不在的创新，推动知识社会以用户创新、开放创新、大众创新、协同创新为特点的创新2.0。

1.1.2 中国政府的“互联网+”发展战略

国内“互联网+”的概念最早由易观国际董事长兼首席执行官于扬在2012年11月第五届移动互联网博览会上提出。他认为，“在未来，‘互联网+’应该是我们所在行业的产品和服务，在与未来看到的多屏全网跨平台用户场景结合之后产生的这样一种化学公式”。近些年，“互联网+”理念得到了政府和企业越来越多的重视。

2014年11月，李克强总理在浙江乌镇出席首届世界互联网大会时提到，“大众创业、万众创新”是中国经济提质增效的新引擎，而互联网是“大众创业、万众创新”的新工具。

2015年3月5日，李克强总理在十二届全国人民代表大会第三次会议上的《政府工作报告》中提出：“制定‘互联网+’行动计划，推动移动互联网、云计算、大数据、物联网等与现代制造业相结合，促进电子商务、工业互联网和互联网金融健康发展。”这是中国政府首次以官方文件的形式提出了“互联网+”的理念。2015年7月4日，国务院印发的《关于积极推进“互联网+”行动的指导意见》，明确提出了未来三年以及十年“互联网+”的发展目标。这是国家推动互联网技术由消费领域向生产领域拓展，提升产业发展水平，改善行业创新能力，营造社会发展新优势和经济发展新动能的重要举措。2015年12月16日，在浙江乌镇举行的第二届世界互联网大会“互联网+”的论坛上，中国互联网发展基金会联合百度、阿里巴巴、腾讯等企业发起倡议，成立了“中国‘互联网+’联盟”。2016年5月31日，在教育部和国家语言文字工作委员会发布的

《中国语言生活状况报告》中,"互联网+"入选年度十大新词和十个流行语。此后,国务院等相关部门相继出台有关"互联网+"政务服务、"互联网+"流通、"互联网+"制造业等指导意见,推动互联网与各个行业的融合。

2017年的政府工作报告,使得"互联网+"首次被纳入国家经济的顶层设计,这对整个互联网行业乃至中国经济社会的创新发展而言都有着重大意义。有专家指出,作为一种重要生产力工具,未来的互联网发展也会像第二次工业革命时期的电气化一样,给每个行业带来效率的大幅提升。林业行业具有广袤的森林资源和巨大的生态价值,近年来,随着地理信息系统(GIS)和遥感(RS)技术的应用,林业产业与"互联网+"的深度融合显示出广阔的应用前景。然而,林区地理位置及周边环境的特殊性,以及基础设施的匮乏,使得"互联网+"林业发展较慢。

2018年3月5日,李克强总理在十三届全国人民代表大会第一次会议上指出,要深入开展"互联网+"行动,实行包容审慎监管,推动大数据、云计算、物联网广泛应用,加快新旧发展动能接续转换。

由此可见,中国政府正全面制定国家的"互联网+"生态战略,致力于促进互联网与各产业的融合创新,在技术、标准、政策等多方面实现互联网与传统行业的充分对接,推动"互联网+"新业态的发展。

1.2 林业灾害及其应急管理

1.2.1 林业灾害

1.2.1.1 林业灾害内涵

林业灾害主要包括森林火灾、林业有害生物、野生动物疫源疫病和沙尘暴灾害等灾害。森林火灾是指失去人为控制,在林地内自由蔓延和扩展,对森林、森林生态系统和人类带来一定危害和损失的林火行为。林业有害生物是指危害森林、林木和林木种子正常生长并造成经济损失的病、虫、杂草等有害生物。野生动物疫源疫病是指野生动物携带并有可能向人类、饲养动物传播危险性病原体,这些病原体在野生动物之间传播、流行,对野生动物种群构成威胁或可能传染给人类和饲养动物的传染性疾病。沙尘暴灾害是指强风将地表沙尘吹起,使空气很混浊,水平能见度小于1公里的天气现象,给人民生活、交通带来严重威胁。

生态系统是经过长期进化而形成的,其中的物种经历了竞争、排斥、适应和互利互助等相互作用关系,才形成了现在既相互依赖又相互制约的密切关系。当一个外来物种被引入一个新的生态环节以后,其有可能因不能适应新环境而被排斥在系统之外,也有可能因新的环境中没有抗衡或制约它的生物,而可能逐渐发展成为真正的入侵生物,进而打破生态平衡,改变或破坏当地的生态环境并严重破坏生物多样性。

除了以上所述自然灾害以外,人为活动(如滥砍滥伐等)也会对森林资源造成灾害。这些无节制、无计划和不合理的采伐林木的行为会导致森林生态系统服务功能受到损伤,全球变暖等问题不断加剧。

总而言之,林业灾害是指对森林资源的正常发育构成危害,进而给林业生产造成经济损失或人员伤亡的自然现象和人为活动。只有采取有效的措施进行防治,才能实现森林资源的健康可持续发展。

1.2.1.2 林业灾害分类及其特点

林业灾害主要包括森林火灾、林业有害生物、野生动植物疫源疫病和沙尘暴灾害等。

(1)森林火灾

森林火灾是森林最危险的敌人,也是林业灾害最可怕的类型,它给森林生态系统带来毁灭性的后果。森林火灾不只是会烧毁成片的森林,伤害林内的各种生物,而且会降低森林的更新能力,引起土壤的贫瘠和破坏森林涵养水源的作用,进而导致生态环境失去平衡。森林火灾危害大且难以扑救,因此当火灾还处于萌芽状态就对其进行及时扑灭,显得尤为重要。由于森林火灾常常发生在深山老林中,不易被发现,故而预防和及时发现火灾意义重大。

森林火灾的特点有:

a. 季节变化显著。我国地形地势复杂,东西延伸长,南北跨度大,降雨量在各个地区和不同的季节均存在着巨大的差异,从而导致森林火灾也呈现出季节性的差异。总体来说,夏季降雨量大,森林湿度较高,森林火灾的发生概率相对较低,但是夏季气温较高,森林中地表覆盖物干燥程度高,着火点低,因此对森林火灾的预防工作不容忽视;春秋季节降雨量较小,天气干爽,森林湿度较小,风力大,森林火灾的发生概率更高;而冬季天气比较寒冷,发生森林火灾的可能性也相对较低。

b. 地域分布比较确定。由于我国地域广阔,地形复杂,森林火灾的发生呈现出地域性的特征。我国从大兴安岭顶部直至西南地区以东是森林覆盖较多的地区,此线以西的森林覆盖面则相对较小。东北、华北地区在春秋季节天气晴朗,降水量小,植被干燥,较容易发生火灾。而西南地区春秋冬季降水量都较少,常年干旱,天气晴朗,风力较大,森林火灾的发生率较高。华南地区冬季和早春季节时值干季,降雨量有限,较易引发火灾。东北、西南、华南等地森林覆盖面大,山地较多,更容易引发森林火灾。而华中、西北等地由于多丘陵、沙漠、平原,则不太容易引发森林火灾。

c. 蔓延速度指数级增长。由于森林的特殊性,一旦引发森林火灾,会很容易在风力的推动下迅速蔓延开来,地表火的蔓延速度一般在10千米/小时,而树冠火则可达到15千米/小时。当风力增大,火势蔓延速度将呈指数级增长,导致火灾的扑救难度陡然增大。

d. 损毁面积难以有效控制。不管是人为还是自然界因素引起的火灾,由于森林的面积较大,火灾初发时不一定能被及时发现,而当被发现时其往往已经蔓延了相当大的面积。此时,火灾的扑救工作将面临相当大的挑战,其中一个突出的特征在于火灾会不断地蔓延甚至出现新的火场,导致森林火灾所损毁的森林面积不断增大。

(2)林业有害生物

林业有害生物是指危害森林、林木和林木种子正常生长并造成经济损失的病虫、杂草等有害生物。其主要特点为:

a. 林业有害生物种类繁多。我国林业有害生物有6000余种,可造成显著危害的有近300种,广泛分布于森林、湿地、荒漠3大生态系统中,只要条件具备就有可能暴发成灾。根据全国第3次林业有害生物普查结果,截至2019年底,我国林业有害生物种类共有6179种,其中昆虫类最多,为5030种,真菌类与植物类其次。全国林业有害生物发生总面积1896.63万公顷,其中轻度发生(含低虫口低感病面积)1458.13万公顷,占76.88%;中度发生331.91万公顷,占17.50%;重度发生106.59万公顷,占5.62%。表明我国林业有害生物引发的灾害整体处于中等偏下水平。而外来林业有害生物种类总共为45种,比第2次林业有害生物普查(2003年)多了11种。

b. 重大林业有害生物传播危害加重。近年来,松材线虫、美国白蛾、薇甘菊等重大林业有害生物的传播危害正在不断加重。如松材线虫病继续向北向西扩散。在国家林业局公告(2018年第1号)公布的松材线虫疫名单中,松材线虫病疫区已涉及16个省(区、市)的315个县级行政区、1个不设区的市,向云南、四川、陕西、辽宁蔓延,较2016年新增县级疫区78个。美国白蛾则继续向南北两端扩散,全国新增湖北省1个省级疫区、31个县级疫区,其中,安徽省新发县级疫区数量达到14个,占到全国总量的近1/2。红火蚁先后传入浙江、贵州等省份。薇甘菊新增8个县级发生区，并在局部地区暴发成灾。

c. 外来物种入侵形势严峻。2013年召开的第二届国际生物入侵大会上，科技部“973计划”生物入侵项目首席科学家万方浩对记者表示：目前入侵我国各类生态系统的外来有害物种已达544种，其中大面积发生、危害严重的达100多种。全球100种最具威胁的外来物种中，入侵中国的就有50余种，这表明我国已经成为世界上遭受生物入侵最严重的国家之一。近年来，随着经济全球化、贸易自由化和“一带一路”建设的不断发展，人流物流的日趋扩大，中国林业入侵生物所带来的危害正日趋严重。据统计，我国目前主要的外来林业有害生物已达41种，其中1900～2000年从国(境)外传入的林业有害生物25种；2001～2017年，外来入侵林业有害生物16种，其中2001～2013年入侵13种，2016年新疆、内蒙古相继发现3种重大入侵有害生物。由此可见，在20世纪100年间共入侵25种林业有害生物，而进入21世纪以来几乎是每年入侵1种林业有害生物，入侵形势十分严峻和紧迫。

d. 林业有害生物灾害损失严重。据国家林业和草原局公告(2019年第20号)，发现可对林木、种苗等林业植物及其产品造成危害的林业有害生物种类6179种，外来林业有害生物有45种，与2006年普查结果相比，新发现13种外来林业有害生物，发生面积超过100万亩的林业有害生物种类有58种。重大林业有害生物扩散蔓延呈加剧态势，我国林业有害生物发生面积每年超过1218万公顷，年均造成死树4000多万株，年均经济损失和生态服务价值损失超过1100亿元。同时，经济林有害生物灾害会造成林果减产减收，影响农民增收致富。

(3)野生动植物疫源疫病

野生动植物疫源疫病中，野生动物疫源是指携带危险性病原体，危及野生动物种群安全，或者可能向人类、饲养动物传播疾病的野生动物；野生动物疫病是指在野生动物之间传播和流行，并会对野生动物种群构成威胁，或者可能传染人类和饲养动物的传染性疾病。加强陆生野生动物疫源疫病监测防控，就是在疫病传播、扩散环节中，建立起一道前沿哨卡，通过监测，及时发现野生动物疫情，对疫情发生、发展趋势做出预测预报，及时采取有效措施，阻断疫情向人类、家禽家畜传播，从而将疫情控制在最小范围。陆生野生动物疫源疫病监测是维护公共卫生安全前沿屏障，是保护生物多样性、维护生态平衡的重要保证。

1.2.2 林业灾害应急管理

1.2.2.1 林业灾害应急管理内涵

林业灾害应急管理主要包括森林防火、林业有害生物管理、野生动物疫源疫病监测管理和沙尘暴监控管理，目标是按照灾害应急方案的要求，加强林业灾害的监测、预报预警、应急指挥和损失评估能力，在国家和地方建设森林防火、林业有害生物、野生动物疫源疫病和沙尘暴监测体系以及灾害监控和应急指挥系统，为林业灾害的监测、预警预报、应急事务处理、损失评估和灾后重建等提供支撑，为森林案件办理提供支持，以提高应急快速反应能力和综合防控能力，并尽量减少灾害给国家和人民带来的损失。

1.2.2.2 林业灾害应急管理具体内容

（1）森林防火监控和应急指挥

森林防火监控和应急指挥主要包括开展林火监测、火险预警、林火行为仿真、调度指挥、火灾损失评估与统计等工作。林火监测的目的是及时发现森林火灾并实现"打早、打小、打了"，减少森林火灾的损失，使森林资源得到更有效的保护。林业灾害应急管理的主要职责是负责监测区森林火灾日常监测、负责监测区尚未扑灭森林火灾的连续跟踪监测、进行森林火灾的损失评估、开展常规热源点调查、建立常规热源数据库、组织卫星热点的地面核查、提高卫星林火监测准确率。1996年底，林业部以林计批字〔1996〕39号文在西南航空护林总站建立了西南卫星林火监测分中心，国家林业局防火办林火监测中心负责分中心的业务协调管理，提供监测系统的技术支持和维护服务。2017年，国家森林防火指挥部办公室印发了《全国卫星林火监测工作管理办法》新修订版，指出全国卫星林火监测工作职能由国家林业局森林防火预警监测信息中心和西南林火监测分中心（设在国家林业局西南航空护林总站）、西北林火监测分中心（设在新疆维吾尔自治区森林防火办公室）、东北林火监测分中心（设在国家林业局北方航空护林总站）承担。监测中心由国家林业局森林防火办公室领导和管理，负责对西南、西北和东北分中心进行业务指导，提供技术支持和组织业务培训。西南分中心主要负责华南、中南、西南地区林火的日常和宏观监测工作，并按照国家林业局防火办以及各省（区、市）森林防火指挥部门的要求完成其他监测任务。西北分中心负责新疆维吾尔自治区和西藏自治区、其他西北地区省份的监测工作。东北林火监测分中心主要承担黑龙江、吉林、辽宁及内蒙古东部林区的日常森林火灾卫星监测工作，依靠国家森林防火预警监测信息中心的接收系统，通过FTP分发数据方式接收卫星遥感数据。森林火险预警信号是国家气象部门根据大气温度、湿度以及林区状况而提出的一种警示信号，用以增强人们的防范意识。林火行为仿真是就一起森林火灾的全过程（从可燃物被点燃到不断发展、蔓延、衰落、熄灭）展开仿真模拟和分析。

（2）林业生物灾害管理

林业生物灾害管理是一个有效地调用一切可利用的资源，以应对生物灾害事件的过程。其根本目的，就是通过对生物灾害进行系统的监测和分析，进一步加强和改善灾害应急管理周期中减灾、准备、响应和重建等方面的措施，通过有效的组织协调，来保障生态安全，并将经济财产损失降到最低程度。林业生物灾害管理具体内容包括监测预警、检疫御灾、应急救灾，灾害发生前的计划、措施和物资资金准备，灾害发生后的救灾工作和灾后恢复工作，以及促进森林健康以避免和减少灾害发生的措施。我国灾害监测预警网已“网”遍全国，每天会将各种信息实时传输到后方处理中心，形成了遍布各地、相互交织的灾害监测和预警网络。检疫是风险管理的一种设施，是确认某种对象达到一定要求和标准的评定过程。当人类、动物、植物，由一个地方进入另一个地方时，为防其带有传染病就必须对其进行隔离检疫，尤其在当地传染问题较为严重的时候更是如此。为了预防传染病的输入、传出和传播就必须采取一些综合措施，其中包括医学检查、卫生检查和必要的卫生处理等手段。

（3）野生动物疫源疫病监测管理

野生动物疫源疫病监测管理是指开展国家和地方多级野生动物疫源疫病监测管理和应急管理，包括野生动物疫源疫病监测、本底调查、科学研究、监测信息管理和野生动物疫情预报预警等工作。野生动物疫源疫病监测是指在监测野生动物种群中发现行为异常或不正常死亡时，采取记录信息、科学取样、检验检测、报告结果、应急处理、发布疫情的全过程，其中的主要任务是，对野生动物疫源疫病进行严密监测，及时准确掌握野生动物疫源疫病发生及流行动态。

（4）沙尘暴监控

沙尘暴监控是指开展沙尘暴灾害监测预警、灾情评估、信息传输、应急处置等工作，通过对沙尘暴的研究，掌握沙尘暴的发生、发展规律，提高对沙尘暴灾害的监测、预报预警和及时的防御措施。目前全球有四大沙尘暴高发区：中亚、北美、中非和澳大利亚。中国西北地区是中亚沙尘暴高发区的组成部分，其中不少地区每年沙尘暴日数达30天以上。2006年12月6日，国家标准委和中国气象局联合召开《沙尘暴天气等级》等8项国家标准新闻发布会。《沙尘暴天气等级》国家标准规定了沙尘天气是指风将地面尘土、沙粒卷入空中，使空气混浊的天气现象。其划分等级的原则，主要依据沙尘天气发生时地面水平能见度。其中，首次使用“特强沙尘暴”等级。沙尘天气强度由轻至重被分为5级，即为浮尘、扬沙、沙尘暴、强沙尘暴和特强沙尘暴5个等级。沙尘暴预警信号分3级，分别以黄色、橙色、红色表示，这3个等级分别表示：24小时内可能出现沙尘暴天气或者已经出现沙尘暴天气并可能持续；12小时内可能出现强沙尘暴天气，或者已经出现强沙尘暴天气并可能持续；6小时内可能出现特强沙尘暴天气，或者已经出现特强沙尘暴天气并可能持续。

1.2.2.3 林业灾害应急管理特点

林业灾害应急管理工作具有以下特点：

(1)科学性

林业灾害应急管理，必须遵从自然规律和社会规律，遵循林业灾害发生发展特点，根据植物生理学、生物学、森林生态学等相关学科理论，因地因时制宜，因害施策，增强森林抵御灾害能力，培育健康森林，恢复受灾森林的健康。

(2)系统性

森林是个复杂的生态系统，加诸人为管理和干扰的林业，具有自然系统、人造系统、动态系统、概念系统、目的系统、行动系统、对象系统等系统的形态和特点。林业灾害管理系统是林业管理的关键环节之一，具有林业系统的所有特征，要进行高效的林业灾害管理活动，就必须运用系统科学技术和管理科学技术，进行科学管理，实现林业灾害可持续控制。

(3)社会性

森林属于公共资源，涉及社会经济发展和生态安全，所有森林保护活动包括林业灾害的防治，都具有强烈的社会性，所有的林业灾害管理活动都必须融入全社会发展中去，与国家建设紧密结合，使林业灾害管理活动公共化和社会化。

(4)时间性

多数林业灾害的发生发展具有明显的时间规律，林业灾害管理活动必须遵循林业灾害的发生规律，按照时间节点对灾害进行约束，才能实现林业灾害的有效防控。

(5)政策性

林业灾害管理活动必须严格按照国家有关政策、法律法规开展。为了使林业灾害管理活动规范化，就必须制定相关的林业灾害管理法律法规、技术规范、防治标准，实现林业灾害高效防控。

(6)目标性

林业灾害管理活动，必须要实现森林健康这一目标，以保护林业建设成果，维护生态健康和国家经济安全。

(7)计划性

对林业灾害的管理活动，按照不同的阶段目标，制订严密的管理计划，才能有效调配人、财、物，使管理活动有序进行。

(8)层次性

在林业灾害管理活动中，国家、省级、市级、县级乃至具体生产部门的森林经营者，其所处层次不同，管理范围不同，林业灾害发生情况不尽相同，其管理内容也不相同，具有明显的层次性。

1.3 “互联网+”林业灾害应急管理

“互联网+”林业灾害应急管理是指将信息技术集成应用于林业灾害监测、预警预报和应急防控中，以航空、航天、地面的多尺度立体监测体系为基础，结合图像传输、系统仿真、专家知识、远程诊断、决策分析、信息发布等功能，实现对林火灾害、有害生物、疫源疫病等突发事件的应急防控，建成以灾害监测为基础，灾情预警为前提，信息快速传输为手段，应急指挥为中心，预案处置为保障，评估修复为后备的应急管理体系。简言之，“互联网+”林业灾害应急管理可理解为灾害数据数字化处理、灾害信息化管理、灾害应急决策支持等。

1.3.1 发展概况

1.3.1.1 发展阶段

“互联网+”林业灾害应急管理的发展依赖于互联网技术、信息技术的发展和应用，可分为起步阶段、发展阶段和集成应用阶段。

起步阶段：为互联网环境下林业灾害数据的数字化采集、存储和管理，多注重灾害数据的野外采集、转换入库、整理和信息化管理，是灾害数据基本管理的数字化革新。应用较常见的采集技术和数据管理技术。

发展阶段:为互联网环境下林业灾害应急管理的网络化和扁平化,数据源向多元化、异构化转变,过程中注重数据处理和分发的实时性及信息系统间的“互联互访”。

集成应用阶段:为林业灾害应急管理的集成化、智能化和价值化。集成化核心是各类灾害数据关键要素整合和优势互补,智能化核心是建立主动性、自适应性、多样化的综合处置与决策,价值化是由信息流产生价值流,产出近期效益或长期效益。

1.3.1.2 建设现状

“互联网+”林业灾害应急管理系统建设是“互联网+”林业体系中最重要的组成部分之一,最能体现互联网的管理扁平化精神,以及系统的实时反应和高效传播特性。目前的“互联网+”林业灾害应急管理系统建设的状况大致如下:

(1)基础网络架设

通过政府相关部门牵头,以及林业系统上下相关单位协调参与,从国家林业和草原局到省市县各级单位,政务网络的骨干网都已经建设完成,而这让“互联网+”林业灾害应急管理系统实现全国联网和运行的前提得到了物理保障。

(2)信息技术支持

自“十二五”以来,各项发展战略将新兴产业作为国家未来重点扶持的对象,其中信息技术被确立为七大战略性新兴产业之一。3S技术、物联网、大数据、云计算等核心技术经过发展,已形成了包含技术本身在内的较完善的产业集群,给“互联网+”林业灾害应急管理系统建设夯实了技术保障,并建立了良好的应用生态。

(3)应用积极推广

各级林业行政单位响应国家林业和草原局的号召,一直致力于加快“互联网+”林业灾害应急管理系统的建成进程,不仅从政策上进行鼓励,从资金上也给予了大力支持。系统客户端已延伸到手机终端上,国内已有林火监测系统、森林火灾报警系统、疫源疫病监测管理系统建成和使用,并在不断进行系统优化中。

(4)数据整合共享

随着各级“互联网+”林业灾害应急管理系统建设内容的不断丰富,各部门之间的业务数据已经开始整合到统一的大平台上,部分发达地区甚至已经从全省的级别上开始整合内容,统一到同一平台上,分级管理。特别是林火灾害应急管理的应用整合,大大提升林业灾害监测、预警、应急、灾后评估等环节的水平。

截至浙江省“‘互联网+’林业灾害应急管理数据采集技术与应用”项目开展前,国内在"互联网+"林业灾害应急管理方面已开展了部分研究,但尚未形成一个完整或固定的研究及应用体系。总体而言,仅初步达到"互联网+"林业互联互通的发展阶段,距离高度集成化、智能化的目标还有较大差距。

1.3.2 研究现状

"互联网+"林业灾害应急管理研究主要分为基础研究和应用研究2个方面。基础研究分灾害应急管理框架模型研究、灾害应急管理相关技术研究;应用研究分灾害应急管理系统共建共享应用研究、灾害应急管理集成应用研究等。

1.3.2.1 "互联网+"灾害应急管理基础研究

(1)灾害应急管理框架模型研究

灾害应急管理框架模型研究为应急管理系统建设提供指导。基础设施框架方面:A.R.Pradhan等在2007年开展灾害管理信息系统基础设施框架要求研究,并提出,灵活性强、解决能力高的灾难管理系统需要满足标准化的数据格式、中间件服务和支持Web分布式计算等方面的要求。数据计算和处理方面:G.Preece等在2013年提出利用活性系统模型(Viable System Model,VSM)的方法来分析处理灾害快速响应过程中所需的复杂信息,应用此模型,信息处理的速度加快,分析处理的质量提高。数据交换方面:B.Carminati等在2015年研究了紧急情况下快速和受控信息共享系统框架,提出了信息资源快速访问与共享的访问控制模型,在自然灾害或紧急情况下,能快速满足应急管理对信息共享的要求。

(2)灾害应急管理相关技术研究

"互联网+"灾害应急管理技术包含计算机科学技术、地理科学、3S技术、物联网、大数据、云计算、人工智能、5G、专家系统、数据挖掘等(详见第2章),以上技术的研究及其应用研究,是应急管理信息系统及相关技术研究的重点领域。就总体研究情况来看,R.R.Rao等在2007年的研究中提出了各类新兴技术的应用,提到:灾害管理中的信息技术应包括互联网技术、无线网络技术、遥感分析技术、GIS地理信息技术、决策支持系统、监测预警系统、灾害分析与模拟技术等,表征着"互联网+"灾害应急管理从单一的信息管理向各类技术融合应用的方向发展。L.Carver等在2007年研究了"人机交互"技术在应急管理信息系统中的应用,提出人和计算机应作为一个整体和团队来处理和应对突发事件。D.A.Troy等在2008年研究了加强社区防灾能力的信息技术,介绍了一个以社区为基础的资源数据库,既可在本地使用,也可通过互联网共享使用,通过信息技术和协作加强社区组织与非政府组织等之间的相互关系,提高社区防灾能力。S.L.Pan等在2012年研究了危机应对,指出信息流和网络管理是关键,从信息流的强度和网络密度2方面提出了4种典型的危机信息应对网络,并提出了应对危机信息网络的建设与部署建议。

a. 灾害应急管理数据采集技术研究主要体现为3S技术、物联网等方面的研究。3S技术、物联网技术研究初期主要关注于技术本身的实现,目前3S技术及物联网技术主要集中于应用研究,并已开始大范围进入民用和商业化。

b. 云计算、大数据技术研究主要为灾害应急管理中数据存储和管理研究提供背景。周利敏等在2019年对灾害大数据做了相关研究,从数据采集、数据汇入、数据分析处理等方面研究了灾害大数据技术的特点、存在问题,并提出了改进模型。陈景丽等也在2019年对大数据技术与云计算技术的结合应用做了研究,提出利用云计算的方式来处理灾害数据信息有着显著的优势。

c. 数据挖掘及专家系统、知识工程等人工智能技术是灾害应急管理信息和数据分析技术,是"互联网+"灾害应急管理研究领域的核心要素,与灾害管理和应急决策研究相融合,是灾害应急管理相关技术研究的延展。计算机科学技术研究,则是领域研究的基础支撑。S.Nishida等早在2003年便研究了信息过滤方法的应用。武明生等在2019年开展了基于大数据技术的灾害监测系统联调联试数据挖掘研究,对文档结构化、技术架构、分析方法、采用算法等进行选择,提出数据挖掘流程。

相关技术的研究分别为"互联网+"灾害应急管理数据采集、数据管理、数据处理和系统集成应用提供保障,也经历了一个循序渐进的过程。

1.3.2.2 "互联网+"灾害应急管理应用研究

(1)灾害应急管理系统共建共享应用研究

灾害作为全社会共同参与和关注的事情,在应对和处置中必然需协调不同区域、不同级别、不同类型的机构和相关部门,信息系统的协同共享是加强应急协同联动能力建设的重要条件。G.Mears等早在2002年便研究了应急管理信息资源数据库的构建问题,提出了建立跨部门信息资源共享的数据库技术框架;R.Chen在2008年的研究中指出,应急管理相关组织及内部之间的流畅运行依赖于高效的信息供应链,而当前的信息链存在问题的主要原因是缺乏统一的数据标准,对数据标准和基于XML的应急数据模型的研究,能使组织与部门间信息互操作变得更为容易;N.Bharosa等在2010年通过实地演习,分析了多个机构在救灾中信息资源共享和协调的挑战与障碍,从而反映出了灾害应急管理系统共享协调的重要性;I.Aedo等在2010年的研究中提出最终用户导向的战略,以促进多组织采纳应急管理信息系统,指出现有实践中的协调合作仍存在信息共享不良、通信不流畅和缺少协调的问题,提出通过参与式设计、吸收认知和实践的最终用户群体共同构建应急管理信息系统的建议;G.Trecarichi等在2012年研究了开放知识系统在应急响应中实现信息资源搜集的模式,通过知识开放系统,实现不同领域信息资源在紧急情况下互通操作;Y. A.Lai等在2012年研究了基于链接开放数据的虚拟灾害管理信息库与应用,指出利用链接开放及相关技术实现虚拟存储库的灾害信息资源管理,有助于提高应急决策的效率;A.Amaye等在2015年从学科协同和技术协同的角度探讨了应急管理信息系统,应急管理系统的出现为应急管理提供了专业信息和通信技术保障,提出了应急管理系统的概念模型、重点功能和结构,为应急管理系统的开发和评估提供了参考。

(2)灾害应急管理集成应用研究

地理信息技术的集成应用研究是应急信息管理研究重点领域。地理信息作为基础数据源,在应急预案制订、前期预防预警、交通分析、地形分析、应急救援路径分析及灾后地图更新等方面均起到了重要作用。M.P.Kwan等在2005年研究了三维地理信息系统在微空间环境中的快速响应能力;A.Rocha等在同年研究了可交互操作的地理信息服务在应急管理中的应用;M.F.Good-child等在2010年研究了灾害响应的众源地理数据,指出众源地理数据是由大量非专业的地理信息采集人员获取并通过互联网向社会大众提供的一种开放地理数据,众源地理数据在灾害响应中可用于应急空间地图分析、早期预警、应急交通分析、灾后地图更新等;H.Makino等在2012年研究了基于GIS的应急救援信息分类、系统配置,为了快速地实现精确定位和获取信息,尽可能快地了解灾害情况、灾害数据和资料等,研究和开发了网络地理信息系统平台(Web-GIS-BASED);J.P.D.Albuquerque等在2015年研究了基于社交媒体和权威数据提取灾害管理有用信息的地理学方法,将社交媒体作为一个独立的灾害管理信息源,结合社交媒体信息和权威数据(如传感器数据、水文数据和数字高程模型等),可以有效识别和挖掘灾害管理所需的信息,并将2013年德国某自然灾害过程中社交媒体产生的信息、地理空间数据与自然灾害已有知识、数据等相结合,论证了社交媒体信息和权威数据相结合的地理学方法,在灾害管理的危机应对和监测预防中具有可行性。

1.3.2.3 发展趋势

(1)应用需求增大

①森林火灾应急方面。我国森林面积大、分布广,许多地方山高坡陡,交通不便,加之人类生产生活频繁,森林火灾隐患严重,而森林防火的人力、物力有限,森林火灾难以提早发现、提早预防,火灾发生时不能第一时间赶赴现场,指挥调度存在困难。需要应用“互联网+”技术帮助解决森林火灾预防和应急中的诸多问题。

②林业有害生物预防方面。林业有害生物发生与环境、气象及生物特性有着复杂的联系,预防预测较为困难,一旦暴发灾害影响面广,难以控制。中国森林病虫害的发生随着人工造林面积的持续增长不断地上升,而病虫害的监测和识别工作具很强专业性,传统的监测和预防已无法满足现实的需求。如何应用“互联网+”技术使有害生物预防更加智慧化,逐渐成为应用探索的热点。

③野生动物疫源疫病方面。传统的监测手段和方法存在一定不足,使得在野生动物疫源疫病监管中,数据收集和数据分析困难,疫源疫病不能得到及时预防预警,发生疫源疫病后不能及时查找到发病源头。需要基于“互联网+”技术的疫源疫病监测来辅助实际工作。

(2)已有林业灾害应急管理系统亟待升级

随着信息技术的发展,全国范围内已经开发与应用了多种林业灾害应急管理系统,以浙江省为例,已建设有野生动物疫源疫病监测系统、林业灾害应急管理示范系统、森林消防网业务系统,这些对浙江省野生动物疫源疫病、林业有害生物、森林火灾的监测和管理起到了重要作用,一定程度上降低了林业灾害的发生率,提高了林业灾害应急管理水平。但现有应急管理系统多以信息管理系统为主,随着气候的变化及人类活动的增加,对应急管理数据的准确性、时效性、可读性及决策支持的要求越来越高,现有系统已无法满足多元化管理需求。

森林防火方面,以浙江省为例,德清县自2018年起引进森林防火智能卡口系统和一体化宣传杆等森林防火智能设备,支持人脸和车辆识别;宁海县于2018年建设太阳能语音报警视频监控装置和森林消防预警指挥系统,逐步打造24小时在线“智慧林长”。

以有害生物识别为例,便捷化应用探索不断,通过建立有害生物形态、特征、分类的专业库,开发应用端,工作人员可通过手机或其他移动互联网设备拍照识别有害生物，节约了人力成本，提高了监测和预防的效率。

野生动物疫源疫病方面，通过研究数据异地融合与优先调度技术，例如利用红外摄像机获取视频图像数据，对动物生活环境、习性，鸟类迁徙途径等进行分析，研究主动防控体系的建立和应用。

(3)跨学科和多领域交叉研究将进一步深入

“互联网+”林业灾害应急管理涉及灾害相关知识、计算机科学、信息科学与技术、地理科学等，甚至涉及公共管理、传播学、行为科学和医学等多学科。信息和数据分析是“互联网+”林业灾害应急管理研究领域的核心要素，与灾害管理和应急决策研究相融合。国内对自然灾害、林业灾害等应急管理方面也已有较多的跨领域宏观研究，与各类基础信息(人口信息、地理信息、经济信息、物资信息、案例库等)和事件实时信息等方面的微观细化及融合应用研究需要进一步加强。

(4)灾害应急管理案例与实证研究将加强

灾害应急管理的研究方法多种多样，所运用的典型方法有案例分析法、实证研究法、观察法、实验法、定量分析法、个案研究法、经验总结法和文献研究法等。其中，案例分析和实证研究法的运用尤为显著，文献大多以具体的突发事件、信息系统、部门和社会群体为案例进行研究，或结合某一灾害相关的组织、系统和人员进行设计、实验、记录和验证等环节，针对灾害中的信息采集、信息意识、信息沟通、信息发布、信息共享等进行实证研究，从不同角度总结突发事件的应急管理经验教训，并提出对应的改进方式。

目前国内结合代表性突发事件的研究，政府信息管理、信息系统等的研究成果较多，而针对林业灾害的应急信息管理案例分析和研究还比较薄弱，“互联网+”林业灾害应急信息管理案例与实证研究将加强。

第2章

“互联网+”林业灾害应急管理主要技术

2.1 RS技术

2.1.1 RS技术的概述

遥感(Remote Sensing,RS)技术是指利用遥感器从空中来探测地面物体性质的技术体系。根据不同物体对电磁波谱产生不同响应的原理,遥感器可以识别各类地物,也就是利用地面上空的飞机、飞船、卫星等飞行物上的遥感器收集地面数据资料,并从中获取信息,经记录、传送、分析和判读来识别地物。

当前遥感形成了一个从地面到空中(乃至空间),从信息数据收集、处理到判读分析和应用,对全球进行探测和监测的多层次、多视角、多领域的观测体系,成为一个获取地球资源与环境信息的重要手段。

2.1.2 RS技术的特点

2.1.2.1 观测感知范围大、综合性好、宏观性强

通过遥感器居高临下获取的航空像片或卫星图像,比在地面上观察视域范围要大得多,且不受地形地物阻隔的影响,因此景观一览无余,为人们研究地面各种自然、社会现象及其分布规律提供了便利。

2.1.2.2 信息量大、手段丰富、技术先进

遥感是现代信息技术的产物,它不仅能获得地物可见光波段的信息,而且可以获得紫外、红外、微波等波段的信息。既可用摄影方式获得信息,还可用扫描方式获得信息。所获的信息量远远超过了用常规传统方法所获的信息量,极大地扩大了人们的观测范围和感知领域,加深了对事物和现象的认识程度。

2.1.2.3 获取信息快、更新周期短、可动态监测

遥感通常为瞬时成像，可获得同一瞬间大面积区域的景观实况，现实性好，而且可以对通过不同时相取得的资料及像片进行对比、分析和研究，弄清地物动态变化的情况，为环境监测以及分析研究地物发展演化规律提供基础数据。

2.1.3 RS技术的发展动态

2.1.3.1 国外RS技术的发展状况

世界上最早发射和使用遥感卫星的是美国和苏联，但它们在研发卫星过程中所使用的技术路线和卫星数据应用的运作方式却大相径庭。美国自1972年发射了陆地卫星系列的第一颗卫星以来，就把图像信息在星上数字化后传回地面，且通过商业运作在全球范围发售图像数据。可以说，在整个20世纪70年代一直到80年代中后期，国际商业遥感卫星图像数据市场呈现为美国陆地卫星所垄断的局面。苏联开始发射实用型遥感卫星的时间与美国不相上下，但在开始发射后的很长一段时间里都是采用胶卷回收型卫星，所获数据主要是供自己和很小范围的其他国家使用，始终没有在全球范围形成商业市场。

许多卫星遥感应用领域要求遥感卫星对同一地区的重访周期应尽可能地缩短，以便在给定的时间内能多次获得给定地区的图像数据。遥感卫星大都采用太阳同步轨道，不具备通过变轨来满足这种要求的能力。为此，不少遥感卫星的星载遥感器设计成侧摆模式，以在不同轨道上获得对同一地区的观测数据，从而缩短对特定地区的重访周期。法国SPOT卫星、印度IRS卫星等都具有这种能力。近年来出现的小卫星为缩短卫星遥感重访周期的目标提供了一条新途径，即发射数颗甚至数十颗小卫星组成小卫星群对地面进行观测，使获取同一地物数据的周期缩短到每天一次或一天数次。

为了进行全球范围的研究，美国在全球设置了覆盖大陆的陆地卫星地面接收站，截至2008年，美国运行的地面站已经达21个（仅剩南极洲、中亚、西伯利亚等少数空白区）。各国的接收站每接收一幅图，都要在当天用微波回送到美国的地球资源观测数据中心（EROS-Data）。覆盖全球的卫星系统遍布了全世界的地面站，使美国优先获得全球性的地球资源信息，为开展全球研究提供了可能。作为欧盟国家空间技术的国际合作组织，欧空局（ESA）负责统筹规划和建设欧洲的遥感卫星及其地面接收处理设施。20世纪末，ESA加强了空间技术方面的合作，通过资源共享充分利用各类

卫星数据和遥感地面接收处理设施。进入21世纪之后,欧空局进一步加强遥感基础设施的整合,提出了建设欧洲空间信息基础设施(INSPIRE)和欧盟全球环境与安全监测计划。

欧美发达国家卫星遥感应用技术的发展一直处于领先地位,遥感卫星已经广泛应用于气象、农业、灾害监测、国土、环境保护、林业、海洋、测绘等多个方面。国土资源方面,美国在20世纪80年代完成了全球性农业和资源的空间遥感调查计划(AGRISTARS)。从1977年开始,美国以立法形式正式确立了每5年开展一次土壤、水分及相关环境资源的自然资源调查(NRI)的国家资源清查制度。自2000年以来改为每年开展一次清查工作,并于2001年正式发布了年度清查报告。

气象方面,欧洲气象卫星应用组织以Metop-1/2/3航天器为基础。美国则于2011年发射军民共用的极轨运行环境系统先期计划(NPP)卫星,由雷声公司研制的通用地面系统(CGS)也进入运行状态。CGS将服务于美国新一代气象卫星系统,包括民用的联合极轨卫星系统(JPSS)和军用的国防气象卫星系统(DWSS)。

农业方面,遥感技术已经应用到作物面积监测、长势监测、估产、灾害监测、农业环境监测与评价、土壤资源监测、精准农业、渔业等各个农业领域,成为农业高新技术新的主要增长点。美国农业部(USDA)、NASA等部门连续合作开展了大面积农作物估产实验(LACIE)计划、农业和资源的空间遥感调查计划(AGRISTARS)、全球农业监测计划(GLAM)等一系列农业遥感应用计划,建立了农情遥感监测系统并不断发展完善。

2.1.3.2 我国遥感技术的发展状况

21世纪以来,我国区域产业结构、城乡结构不断调整,基础设施建设速度加快,国土资源整治全面展开,经济体制与增长方式正在发生重大转变。在这种新的形势下,区域协调发展问题日趋突出。为进一步缩小地区和城乡之间的发展差异,发挥地区资源优势,改变目前我国区域资源开发与环境决策滞后,城市管理手段落后,涉及多部门、多领域、多项目的整体决策缺乏协调等局面,各级政府管理部门迫切需要通过遥感等手段及时获取区域时空变化信息,并应用空间信息综合分析技术,进行区域与城市发展辅助决策。

2006年中国将高分辨率对地观测系统重大专项列入《国家中长期科学与技术发展规划纲要(2006—2020年)》,这是当年部署的16个重大专项之一。高分辨率对地观测系统是中国正着手研发的新一代高分辨率对地观测系统。事实上,“高分专项”

是一个非常庞大的遥感技术项目，截至2019年11月，已成功发射12颗卫星，分别编号“高分一号”至“高分十二号”。这项工程的目标就是要通过系列高分辨率卫星的发射，到2020年使我国形成全天候、全天时、全球覆盖的陆地、大气、海洋对地观测能力。

高分卫星数据已应用于国土等12个行业的主体业务，带动公安、地震、统计、卫生4项业务应用上台阶。截至2018年6月，各行业累计使用高分卫星数据1300多万景，已形成服务国家重大需求和业务需求的能力，成为政府治理体系和治理能力现代化的重要支撑。高分专项还支持北京等30个省、自治区、直辖市设立省级高分数据与应用中心，累计向各地区分发数据138万景，有力服务地方经济建设和社会发展。

2.1.4 RS技术在林业中的应用

2.1.4.1 RS技术在森林资源调查中的应用

应用遥感技术进行森林资源调查，首先进行数字图像处理，在进行精准几何校正后，提取土地利用和森林特征信息，以及在图像上能采集到的生态环境信息，然后匹配公里网，在要判读的固定样地交叉点上设置2~3毫米的判读样圆，在判读样圆中进行地类和其他相关因子的调查。

固定样地方法目前存在两大问题：一是受当时定位技术影响，许多固定样地与地形图上的公里网交点不一致，造成了图像上的公里网交点与地面上进行调查的固定样地出现地理偏差，即应用遥感技术进行监测时，由于位置的不同而造成地类判别的错误。应用遥感技术进行监测时，应该应用GPS定位系统对误差进行修正。同时，地面上多次调查的宝贵数据也不应丢弃，而是将与地形图上公里网交点不匹配的地面固定样地准确位置标在遥感图像上，并建立该点的坐标和影像数据库。另外一个问题是固定样地中的有林地大多受到保护而不进行采伐，因此，地类中有林地的动态变化容易失真，需要应用GPS在原固定样地附近设置临时样地。虽然该临时样地没有设标，但因为具有准确的坐标位置，故这些样地也可以转变成附加的固定样地。当前的天然林保护工程中，往往在大流域的中上游地区设置了许多禁伐区，同时已进行了5期以上的连续清查。在这些多期数据测定的基础上，在禁伐区内应采用遥感判读，而采用数学模型预测的方法对有林地中的林分因子进行估测，既可保证一定的精度要求，又可减少大量的野外调查工作量和经费。另一种方法是用安置在飞机上的鱼眼相机进行点抽样的大比例摄影（一次曝光可获得一个像对），然后通过立体判读量测获得各项林分因子。目前，利用卫星遥感数据，通过建立目视判读标志进行区划判读的办法可以在很大程度上代替地面二类、三类调查。在二类、三类调查中，蓄积量是一个关键因子。目前用卫星遥感技术进行蓄积量估测的方法大致有3种：一是用多阶或多阶分层抽样的方法（卫片数据作为一阶）得到总体蓄积值与总体内分森林类型的单位平均蓄积值，各图斑的面积与该图斑森林类型的单位平均蓄积值的乘积得到该图斑的总蓄积。二是用多元回归的方法间接估测各图斑蓄积量。这种方法的关键在于准确地提取林分因子和其他有关因子（包括优势树种、龄组、郁闭度、波段密度值等）。三是用林分因子和环境特征因子综合建模。模型结构用VOL=$f(F,E)$表示，式中VOL为蓄积量，F、E分别为林分特征值，环境因子则由地形因子、气象因子、土壤因子组成。

2.1.4.2 遥感技术在森林生态环境调查中的应用

在经济深入发展的背景下，生态环境急剧恶化。因此，为了及时了解森林生态环境的状况，应重视无人机遥感影像在这一领域的应用研究。据研究表明，在森林生态环境调查工作中应用无人机遥感影像技术具有如下重要意义：一是可及时查明森林资源的变化情况，用以指导生态保护工作的开展；二是通过目视解译，可较准确地判断树种的组成及其空间结构；三是通过纹理分析，可估出树种的组成及其空间关系，从而为保障森林生态平衡提供必要的基础研究。此外，森林水文调查的作用在于促进森林生态平衡及发挥其防洪、抗旱能力。

在对森林蓄积量的调查中，可以通过对调查因子的判定以及小班轮廓的描绘，来计算或估测蓄积量。比较常用的方法有以下5种：

第一种方法是典型选样法。这是一种比较适合广泛使用的方法，其不仅具有一定的代表性，还具有足够的数量数据样点，根据像片中所展示出来的样点，进而对蓄积量进行计算。

第二种方法是样地实测法。这种方法需要先将小班的轮廓描绘出来，然后将目标规划中的带状作为样地，并开展样地的蓄积量的计算。

第三种方法是分层抽样法。通过将森林的影像进行分层，再描绘每一个分层中的小班，根据分层中的蓄积量推测出总的蓄积量。

第四种方法是像片判读和实测回归法。通过像片对蓄积量进行估计，同时也对地面的蓄积量进行估计，进而根据回归法进行蓄积量的计算。

第五种是多元回归法。这种方法是将像片中所显示出来的蓄积量和影响因子全部列举出来,之后建立多元回归方程,将小班因子所显示的值代入方程中,进而得到蓄积量。

2.1.4.3 遥感技术在森林火灾监测中的应用

当森林发生火灾时,等级的确定与森林火灾的特点有关。火源分布情况、气象情况以及发生火灾区域植被的种类都是判断火灾等级的依据。通过卫星可对这些指标进行判断,进而确定火灾等级。在发生火灾时还可以借助红外探头来对火灾区域的水分及热度进行测试,对上面的3个指标数值进行确定,进而判断火灾等级。对火灾等级做最终的确定,还需要对火源密度等信息进行确定,之后结合相关的数据确定火灾的等级。

调查火灾损失。森林火灾会使整个森林生态系统都受到影响。森林中的植被在燃烧之后,会引起地面的波谱发生变化。这种变化能够被可靠测量,与未发生火灾之前区域以及未发生火灾之前区域的波谱会有明显的差别。被火烧过的区域所显示出来的地物波谱特征与健康植被区有差异,火后林地吸收红光,在波谱上所显示出来的颜色会比较淡,而正常的林地中所显示出来的波谱是偏深的颜色,因此能够根据2段波谱的不同对火灾所带来的伤害进行判断。

2.1.4.4 遥感技术在森林病虫害监测中的应用

对森林病虫进行观测时,可以选择红外方法和航空像片进行。这是因为林木在受到病虫的伤害之后与正常的林木所展示出来的反射率有很大的区别。比如,松树在受到病虫的侵害之后,会在不同的时期展现出不同的反应,在病虫害中期,针叶会开始变黄,可见度降低,光谱所能够接收到的光越来越少,进而导致反射率逐渐增大,因此可根据松树的光谱反射图的不同来判断病虫害的危害程度。

2.2 GIS技术

2.2.1 GIS技术的概述

地理信息系统(Geographic Information System,GIS)是以采集、存储、管理、分析、描述和应用整个或部分地球表面与空间地理分布有关的数据信息的计算机系统,它由硬件、软件、数据和用户有机结合而成,主要功能是实现地理空间数据的采集、编辑、管理、分析、统计与制图等。GIS始于20世纪60年代的加拿大与美国,此后各国相继投入了大量的研究工作。自80年代末以来,特别是随着计算机技术的迅速发展,地理信息的处理、分析手段日趋先进,GIS技术日臻成熟,已被广泛地应用于城市规划、市政管理、政府管理、环境、资源、交通、公安、灾害预测、经济咨询、投资评价和军事等与地理信息相关的几乎所有领域。

2.2.2 GIS技术的特点

GIS技术的显著特点就是在合理的空间拓扑关系上实现了地理的描述性属性数据和空间数据的有机连接。在属性数据管理上,运用关系数据库技术,使得GIS技术与外部关系数据库的连接十分容易。具体体现为以下3点:

2.2.2.1 开放性

具有开放式环境及很强的可扩充性和可连接性。GIS技术支持多种数据库管理系统,如 ORACLE、SYBASE、SQLSERVER等大型数据库;运行多种编程语言和开发工具;支持各类操作系统平台;为各应用系统,如SCADA、EMS、CRM、ERP、MIS、OA等提供标准化接口;可嵌入非专用编程环境。

2.2.2.2 先进性

GIS平台采用与世界同步的计算机图形技术、数据库技术、网络技术以及地理信息处理技术。系统设计采用目前最新技术,支持远程数据和图纸查询,利用系统提供的强大图表输出功能,可以直接打印地图、统计报表、各类数据等。可分层控制图纸、无级缩放、支持漫游、直接选择定位等功能。系统具备完善的测量工具,现场勘查数据,线路杆塔等设备的初步设计,并可直接进行线路设备迁移与相关计算等,实现线路辅助设计与设备档案修改。具有线路的方位或区域分析判断功能,为用户提供可靠的辅助决策,综合统计分析,为管理决策人员提供依据,特别是把可视化技术和移动办公技术纳入了GIS系统的总体设计范围。地图精度高,省级地图的比例尺达到1∶10000或1∶5000,市级地图比例尺达到1∶1000或1∶500,地图能分层显示山川、水系、道路、建筑物、行政区域等。

2.2.2.3 发展性

具有很强的可扩充性和可连接性。在应用开发过程中,考虑系统的进一步发展,包括维护性扩展功能和与其他应用系统的衔接及整合的方便。开发工具一般采用J2EE、XML等。

2.2.3 GIS技术的发展动态

2.2.3.1 国外GIS技术发展状况

目前国外GIS研究与产品开发主要集中在三维GIS可视化方面,并且大量研究集中在三维GIS的数据模型和建模方法方面,如结构实体法(CSG)和边界模型法(BR)。近年来,在矢量模型和栅格模型集成方面,又提出了FDS模型、混合模型和TEN模型,基于混合结构的三维GIS数据模型与空间分析研究。在技术实现方面,Open GL和Direct X已发展为比较成熟的三维图形应用接口,VRML2已支持动画和动态可视表达,已适用于城市、地质、海洋等领域。德国学者开发了城市三维GIS,开始三维技术与可视化技术的结合,根据地理对象与视点的距离、方向等关系,对地理对象显示不同的细节层次,采用四叉树(QTP)和TIN简化地形数据,用纹理树建立每一纹理片(Patch)管理与地形数据片的连接关系。

在三维GIS技术的研究开发方面,国外GIS开发商也积极参与到其中,并形成了一定的产品,如ERDAS中集成遥感影像与数字高程模型的子模块虚拟GIS(Virtual GIS),ESRI推出的ArcGIS9.1中包含了一个创新的可视化模块ArcGIS图解图(ArcGIS Schematics),是一种表达地理空间网络的逻辑拓扑相似知识图。

目前有较大影响的开源与免费技术的三维可视化软件有World wind、Vis5D等。虚拟现实构模语言(VRML)以及X3D的发展,对于网络地学三维可视化与分布式虚拟现实起到了较大的推动作用。2005年美国Google公司研发、推出的Google Earth"数字地球"浏览器,对于空间信息可视化及其服务领域与范围的扩大,已逐渐显示出重要的影响与价值。

2.2.3.2 国内GIS技术发展状况

随着计算机技术、信息技术和网络技术的快速发展,多媒体技术、空间技术、虚拟实景、数字测绘技术、数据库技术、图像处理技术、光纤通信技术的突破性进展,为GIS技术的发展提供了先进的工具,也为GIS技术广泛、深入的应用奠定了基础。

(1)三维可视化GIS

GIS产业正步入3D模型的时代。在实际的应用中,二维GIS已不能满足我们工作的需要,如在矿山测量等应用中,需要用真三维GIS来进行分析矿藏的分布状态。3D GIS不仅能表达空间对象间的平面关系和垂向关系,而且能对其进行三维空间分析和操作,向用户立体展现地理信息空间现象,给人以更真实的感受。从行业应用上来说，3D GIS在规划、电信、旅游、应急、军事和石油行业都有了不同程度的应用。随着PC性能和网络带宽的不断提高，3D GIS会有更大的发展空间。

(2)网络GIS

随着互联网技术的迅速发展，GIS已渗入各行各业，使用范围已经覆盖到了每个角落。与此同时，和生活中有着亲密关系的GIS也不例外。互联网技术与GIS结合产生了所谓的Web GIS，也可以说是Internet GIS。网络技术发展的同时也推动了分布式计算的前进，GIS和分布式技术的结合也就自然产生了分布式GIS。利用分布式计算技术来处理网络中异构多来源的地理信息，结合网络上每个平台空间服务构成物理上的分布与逻辑上统一的GIS，所指的就是分布式GIS。

(3)推演GIS

近些年来，政府制定了很多应对突发事件的应急预案。要真正提高政府部门应对突发事件的反应和处置能力，进行演练是十分必要的。实战模拟演练涉及部门多、组织难度大、经费需求高，不可能成为常态的演练方式。20世纪末以来，随着信息技术的进步，利用计算机系统建立推演GIS系统，直观显示突发事件地点的地形、地貌、环境、重点设施等空间信息，采用桌面演练的形式对预案和假定的应急行动进行推演，并根据参数的设置和回馈机制，为领导层提供直观的决策平台，通过推演者的不断推演，形成更为合理的决策，已经成为GIS的主要发展方向。

(4)虚拟GIS

GIS与虚拟现实(Virtual Reality)技术的结合，就是虚拟GIS，是信息技术发展和集成的产物。虚拟现实技术在当今发展很迅速，是最有效地模拟人类在自然环境中听、看、动等行径的高层次人机交互技术。

2.2.4 GIS技术在林业中的应用

2.2.4.1 GIS在外业调查中的应用

林业生产可以分为外业生产和内业生产两大部分。在林业外业生产过程中，GIS渗入生产起始段到终端这一整个过程中，这一技术的应用是希望林业生产达到无纸化、标准化的目标。GIS在外业调查中的应用节省了时间与人力，与我国传统纸质的调查卡片相比较，它的精确度明显地提高。该技术的应用有效地解决了手工填写的难题，矢量化与属性信息数据库的录用程序被简略，提高了林业的管理效率。GIS技术的应用使林业外业手持的移动端与内业的PC机两者结合为一个有机的整体，此时一个完整度高、科学性强的调查系统雏形得以构建。手持终端可以是平板电脑这类计算机设备,这样林业管理操控者即使身处异地,也可以达到对林业生产情况进行调查的目的。此外,该技术在林业生产调查中的运用,使地理信息系统中的误差及工作内容重复率有效地降低到最低水平,这是因为业内PC端系统可以独自完成所得调查数据的输入与汇总工作,其所呈现的调查报表与专题信息数据在很大程度上就有统一性。

2.2.4.2 GIS在内业数据信息管理中的应用

GIS在林业制图上的应用发挥着巨大的现实作用。过去借助森林物质资源的规划设计继而开展调查工作,获得与森林物质资源有关的数据信息去对林业开展管理工作。其实这一过程是繁杂的,资源数据档案的构建与林业用图的绘制工作耗时长,投入的人力财力数额巨大;图面数据不能与数据库的信息资料有机融合,基本上是处于对立的隔绝状态中,森林物质资源数据信息在林业管理中的使用效率降低。

GIS能够对空间数据资源进行分析,在此基础上林业制图程序得到简化,而且在对制图资源进行采集与整理的进程中,该技术借助数字化的特性使制作的林业图形与林业系统的基本属性有机地整合在一起,使得林业用图的编制工作得以优化。总之,GIS在该过程中的使用,使林业生产达到一次投入多次生产的特效。GIS还在林相图、森林立地的类型图及林业植被分布图的制作流程中有广泛的应用,在各种类型图的协助下,林业管理工作更加便捷、高效地开展。

2.2.4.3 GIS在林业应急管理中的应用

GIS在林业应急管理中的应用能实现林业火险区域的精确划分,对着火点以及易燃点起到了监控的作用。该项技术是与通信技术相互配合得以在林业管理中有效应用的,是通过构建数学模型,继而采集与森林防火有关的地理数据资料,构建完整的地理信息体系。在实际考察中,我们得知林火发生时的情景是复杂多变的,且其蔓延的速度很快,GIS借助计算机模拟系统对林火蔓延的走向进行预测,此时林业管理者在最短的时间里就会达到对林火妥善处理的目标。除此之外,GIS在对着火点准确定位以后,计算机程序对林火蔓延的趋势进行模拟,此时起火点范围以及施救工作的最优路径也被确定了。GIS的应用使森林火灾施救辅助决策体系日趋完善。另外,GIS的应用使二维平面地图、三维平面地图以及监控画面三者之间相互辅佐,为林业的应急管理工作提供了很大的帮助。

2.3 GPS技术

2.3.1 GPS技术的概述

GPS是英文Global Positioning System（全球定位系统）的简称。20世纪70年代，美国陆海空三军联合研制了新一代卫星定位系统GPS。主要目的是为陆海空三大领域提供实时、全天候和全球性的导航服务，并用于情报搜集、核爆监测和应急通信等一些军事目的。经过20余年的研究实验，耗资300亿美元，到1994年，全球覆盖率高达98%的24颗GPS卫星星座已布设完成。

卫星导航的应用是建立卫星定位系统的根本出发点，也是其归宿。通常卫星导航的应用市场可以分为三大方面，分别是专业市场、批量市场和安防市场。全球定位系统，从应用的角度主要可分成航空、航海、通信、人员跟踪、消费娱乐、测绘、授时、车辆监控管理、汽车导航与信息服务10类。

2.3.2 GPS技术的特点

GPS与其他的导航和定位技术相比，主要有以下几个特点。

2.3.2.1　全球范围内连续覆盖

由于GPS卫星的数目比较多，经精心设计，其空间分布和运行周期可使地球上任何地点在任何时候都能观测到至少4颗卫星，从而保证全球范围的全天候连续三维定位。

2.3.2.2　实现实时定位

GPS可以实时确定运动载体的三维坐标和速度矢量，从而可以实时地监视和修正载体的运动方向，避开各种不利环境，选择最佳航线，这是许多导航定位技术难以企及的。

2.3.2.3　定位精度高

利用GPS可以得到动态目标的高精度的坐标、速度和时间信息，可以在较大空间尺度上对静态目标获得比较高的定位精度，随着技术水平的提高，定位精度技术还会有更进一步的提高。

2.3.2.4　静态定位观测效率高

根据精度要求不同，GPS静态观测时间从数分到数十天不等，从数据采集到数据处理基本上都是自动完成。

2.3.2.5　应用广泛

GPS以其全天候、高精度、自动化、高效益等显著特点成功应用于测绘领域、资源勘探、环境保护、农林牧渔、运载工具导航和管制、地壳运动监测、工程变形监测、地球动力学等多门学科。

2.3.3　GPS技术的发展动态

2.3.3.1　国外GPS技术发展状况

为了保持和增强美国在全球卫星导航领域的领先优势与主导地位，1999年美国提出GPS现代化计划，旨在全面提升GPS军事与民用服务的性能，增强GPS民用导航服务的竞争能力，增强对抗条件下GPS的军用导航服务能力。经此改造，GPS空间段星座卫星数量、导航信号、卫星功能等均出现了重大变化，主要包括3个方面：其一，星座卫星数量增加至30颗以上，以改善星座几何分布，提升服务性能；其二，增加军用M码信号、3个民用信号，其中军用M码信号是美国增强GPS导航战能力的重要基础，包括星上信号功率增强、点波束等均需通过先进的M码军用信号实现；其三，增加星上功率可调、高速星间与星地链路、点波束、搜索与救援和被动激光测距能力等，这也是增强GPS自主导航与导航战能力的关键措施。

2.3.3.2　国内GPS技术发展状况

中国北斗卫星导航系统（BeiDou Navigation Satellite System，BDS）是中国自行研制的全球卫星导航系统，也是继GPS、GLONASS之后的第三个成熟的卫星导航系统。北斗卫星导航系统（BDS）和美国GPS、俄罗斯GLONASS、欧盟GALILEO，是联合国卫星导航委员会已认定的供应商。

北斗卫星导航系统由空间段、地面段和用户段三部分组成，可在全球范围内全天候、全天时为各类用户提供高精度、高可靠的定位、导航、授时服务，并具短报文通信能力，已经初步具备区域导航、定位和授时能力，定位精度10米，测速精度0.2米/秒，授时精度10纳秒。从2017年底开始，北斗三号系统建设进入了超高密度发射。目前，北斗系统正式向全球提供RNSS服务，在轨卫星共39颗。2020年再发射2—4颗卫星后，北斗全球系统建设将全面完成。未来，北斗系统将持续提升服务性能，扩展服务功能，增强连续稳定运行能力。

中国正积极培育北斗系统的应用开发，打造由基础产品、应用终端、应用系统和运营服务构成的产业链，持续加强北斗产业保障，推进和创新体系建设，不断改善产业环境，扩大应用规模，实现融合发展，提升卫星导航产业的经济和社会效益。

2.3.4 GPS技术在林业中的应用

2.3.4.1 森林调查、资源管理

测定森林分布区域。美国林业局是根据林区的面积和区内树木的密度来销售木材的。对木材面积的测量闭合差必须小于1%。在一块用经纬仪测量过面积的林区，采用GPS沿林区周边及拐角处进行了GPS定位测量及偏差纠正，得到的结果与已测面积误差为0.03%，这一实验证明了测量人员只要利用GPS技术和相应的软件沿林区周边使用GPS手持机就可以对林区的面积进行测量。过去测定所出售木材的面积要求用测定面积的各拐角和沿周边测量2种方法计算面积，使用GPS进行测量时，沿周边每点都进行了测量，而且测量的精度很高。

利用手持GPS进行固定监测样地初设与复位，只需输入坐标，不需引点引线，且位置准确，效率高，复位率达100%。我国黑龙江等省份的国家一类清查，采用美国GARMIN公司的eTrex（小博士）进行复位测定，取得了良好的效果，工作效率提高5—8倍，定位误差不超过7米，其成果受到国家林业和草原局资源司的充分肯定。

利用手持GPS导航伐开境界线，如平坦地林班线的伐开和确立标桩。以往该类工作采用角规、拉线等方法，工作强度大，误差高，准确度低，经常需要返工，浪费严重。采用GPS后，利用其航迹记录和测角、测距功能，不但降低了劳动强度，而且准确度高，落图简便，极大地提高了效率。

利用差分或测量型GPS建立林区GPS控制网点。这些具有精密坐标的基准点，是林区今后各种工程测量作业必须参照的位置基准，如：手持GPS仪器的坐标误差修正，道路、农田、迹地等的勘测。

利用差分或测量型GPS对林区各种境界线实施精确勘测、制图和面积求算。如：各种道路网、局界、场界地类位置和绘制图形并求算面积，转绘于林业基本用图上，达到对各种森林地类变化的动态监测的目的，测量精度达到分米级。

利用差分或测量型GPS进行图面区划界线的精确现地落界，如两荒界、行政区界等。解决现地界线不清和标志位置不准等普遍存在的问题。

2.3.4.2 GPS在森林防火中的应用

利用实时差分GPS技术，美国林业局与加利福尼亚的喷气推进器实验室共同制

订了FRIREFLY计划。它是在飞机的环动仪上安装热红外系统和GPS接收机等机载设备来确定火灾位置,并迅速向地面站报告。另一计划是使用直升机、无人机或轻型固定翼飞机沿火灾周边飞行并记录位置数据,在飞机降落后对数据进行处理并把火灾的周边绘成图形,以便进一步采取消除森林火灾的措施。

采用手持GPS进行火场定位、火场布兵、火场测面积、火灾损失估算,精确度高,安全性强,能够实时、快速、准确地测定火险位置和范围,为防火指挥部门提供决策依据,已为国内外防火机构广泛采用。

2.3.4.3 GPS在造林中的应用

飞播。在没有采用GPS之前,飞行员很难对已播和未播林地进行判断,经常会出现重播和漏播的情况,飞播效率很低。采用GPS之后,利用其航迹(实际飞行过的路线)记录功能,飞行员可以轻松了解上次播种的路线,从而有效地避免了重播和漏播。此外,利用航线设定功能,飞行员可以在地面对飞行距离和航线进行设定,在飞行中按照预先设定好的航线展开工作,从而极大地降低了作业难度。

造林分类、清查。利用GPS手持机的航迹记录和求面积功能,林业工作人员很容易对造林树种的分布和大小进行记录整理,同时了解采伐和更新的比例,对各造林类型进行标注,方便了林业的管理。在我国黑龙江、吉林、内蒙古等省份的分类经营、造林普查、资源调查中,已经开始大量采用GPS技术,取得了很好的效果,不但节省了大量的人力、物力和资金,而且极大地提高了工作效率,提高了林业管理水平。实践证明,GPS完全可以取代传统的角规加皮尺的落后测量手段,并取得极大的经济效益。

2.4 物联网技术

2.4.1 物联网技术的概述

物联网(Internet of Things,IoT)的概念最早于1999年由美国麻省理工学院提出,其定义为:把所有物品通过射频识别等信息传感设备与互联网连接起来,实现智能化识别和管理。随着技术的应用和发展,物联网的内涵也不断扩展。现代意义的物联网可以实现对物的感知识别控制、网络化互联和智能处理有机统一,从而形成高智能决策。

如图2-1所示,物联网的网络架构通常由感知层、传输层和应用层组成。感知层主要完成信息的采集、转换和收集,包含传感器和短距离传输网络两部分。传感器用来进行数据采集和控制,短距离传输网络将传感器采集到的数据发送到网关。传输层是基于已有通信网和互联网建立起来的,主要完成信息的传递和路由。应用层主要完成数据的管理和处理,并将这些数据与行业应用相结合。

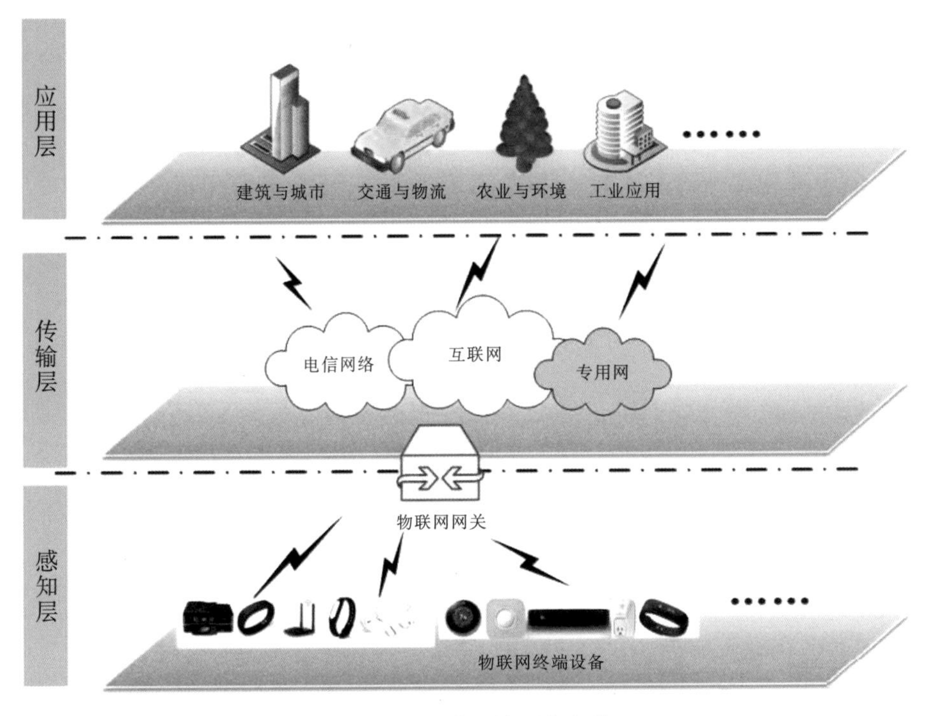

图2-1 物联网的网络架构

物联网涉及感知、控制、网络通信、计算机、嵌入式系统等基础领域,涵盖了许多关键技术。物联网技术体系主要分为感知关键技术、网络通信关键技术、应用关键技术、共性技术和支撑技术四部分。

传感器和射频识别技术是物联网感知物理世界获取信息和实现物体控制的首要环节。传感器技术将物理世界中的物理量、化学量、生物量转化为可供处理的数字信号,通过射频识别技术实现对物联网中物体标识和属性信息的获取。

网络通信技术主要分为两块:一块是体积小、能量低、存储容量小、运算能力弱的传感器的互联,主要采用低功耗短距离的无线通信技术;另一块是智能终端的互联,如智能家电、视频监控等,主要采用广域网通信技术。即将普及应用的5G技术也是一种将在物联网网络通信中广泛应用的技术。

海量信息智能处理综合运用高性能计算、数据挖掘、数据库和并行计算等技术，对收集的感知数据进行处理。物联网支撑技术包括嵌入性系统、微机电系统、软件和算法、电源和储能、新材料技术等。共性技术涉及网络的不同层面，主要包括物联网架构技术、标识和解析技术、安全和隐私技术、网络管理技术等。

2.4.2 物联网技术的特点

物联网具有以下三个重要特点：

(1)物联网是各种感知技术的广泛应用

物联网上部署了海量的多种类型传感器，每个传感器都是一个信息源，不同类别的传感器所捕获的信息内容和信息格式不同。传感器获得的数据具有实时性，按一定的频率周期性地采集环境信息，不断更新数据。

(2)物联网是一种建立在互联网上的泛在网络

物联网技术的重要基础和核心仍旧是互联网，通过各种有线和无线网络与互联网融合，将物体的信息实时准确地传递出去。在物联网上的传感器定时采集的信息需要通过网络传输，由于其数量极其庞大，形成了海量信息，在传输过程中，为了保障数据的正确性和及时性，必须适应各种异构网络和协议。

(3)物联网不仅提供了传感器的连接，其本身也具有智能处理的能力，能够对物体实施智能控制

物联网将传感器和智能处理相结合，利用云计算、模式识别等各种智能技术，扩充其应用领域。从传感器获得的海量信息中分析、加工和处理有意义的数据，以适应不同用户的不同需求，发现新的应用领域和应用模式。

2.4.3 物联网技术的发展动态

物联网的概念最早出现是1991年的英国剑桥大学咖啡壶事件。利用计算机图像捕捉技术对咖啡的烹煮情况进行实时的了解从而实现对物品的合理使用。1995年，比尔·盖茨在自己的书《未来之路》中提出了自己对物联网发展前景的一个预测和评价。在《未来之路》这本书中，比尔·盖茨对物联网作用于物品信息交流的一些案例进行了构想，物联网的概念在这个阶段刚刚诞生。真正把物联网这个概念放在公众面前并引起大家重视的是美国麻省理工学院的研究员凯文·阿什顿，他在1999年就提出了"万物皆可通过网络互联"的观点，阐明了物联网的基本内涵。当时物联网还

只是一个构想,无线网络刚刚起步,只能依托于射频识别技术,无法达到当前物联网的技术标准,甚至无法对所有的设备各自配置一个独一无二的IP地址。然而,迅猛发展的互联科技和信息技术让物联网的内涵不断拓展,物联网已经成为改变人们生活和观念的深刻技术革命。

2004年日本制订了u-Japan计划,希望通过互联网能够把人与人、人与物、物与物三者实现互联,推进日本的网络建设和社会发展。

2005年11月国际电信联盟在突尼斯举行的信息社会世界峰会上发布通告,正式承认物联网的概念并对物联网的内涵加以拓展。

2006年韩国制订了u-Korea发展战略,希望在全国范围内创建智能型网络并拓展其应用,寄希望于物联网来推动韩国经济新的发展,打造超一流信息通信技术强国。

2009年在欧盟执委会启动欧洲物联网行动计划的同时,美国也提出了"智慧地球"建设目标,把物联网的建设和新能源发展列为经济振兴的重要内容。

也是在2009年,时任国务院总理的温家宝在中科院研发中心考察时提出了要建立中国传感信息中心——感知中国的构想。同年11月,温总理在一次重要的讲话中将物联网定义为中国的第五大新兴战略性产业。2010年的政府工作报告中,物联网榜上有名。这一系列的动作标志着物联网开始在中华大地上卷起一股风潮,并在风潮中激流勇进,改变人们的生活。如近几年兴起的智能家居产业,已经进入了普通人的生活。它以住宅为平台,利用综合布线技术、网络通信技术、智能家居系统设计方案安全防范技术、自动控制技术、音视频技术将与家居生活有关的设施集成,构建高效的住宅设施与家庭日常事务的管理系统,提升家居安全性、便利性、舒适性、艺术性,并实现环保节能的居住环境。这正是在物联网影响下传统事物物联化的体现。

随着社会的进步和科技的发展,物联网已经成为世界各国竞相关注的重点,也是科技创新的重要目标,已经在安防、交通、商业、物流等领域内获得突飞猛进的发展,获得了人们的认可并取得了优异的市场效益。云计算技术的介入,存储和计算能力的大幅提高,网络应用成本的不断降低,赋予了物联网发展的无限空间。

然而,随着物联网应用领域的不断拓展,物联网发展也面临很多问题和挑战。首先,物联网的发展还没有形成标准统一的技术要求和通信接口,不同行业之间存在数据输入格式和行业标准不同的壁垒。其次,互联网的安全问题在一定程度上也阻碍着物联网的进一步发展壮大。再次,物联网庞大的物物信息交换需要物品编码具备独特性和唯一性,目前物联网还无法真正解决这一问题,其网络基础建设也需要大笔资金的支持,因此,物联网的建设和发展也有许多需要改进的地方。

2.4.4 物联网技术在林业中的应用

物联网在实时感知、准确辨识、快捷响应、有效控制等方面具有优势。作为一项重要的基础产业和公益事业,林业具有物种丰富、位置偏远、地广人稀、基础设施落后、环境条件恶劣、安全风险性高、监管任务繁重、覆盖一二三产业等特点,在林业灾害应急管理方面,物联网技术有着巨大的应用潜力。

利用无线传感、视频监控、导航定位、移动通信等技术,物联网可以有效提高森林病虫害防治、沙尘暴监测预警、野生动物疫源疫病监测防控、外来物种入侵监测防控等的信息采集、传输和分析决策能力,节省大量人力、物力、财力,维护职工人身安全,降低这些灾害造成的损失。此外,物联网技术在森林火灾监测数据感知、传输等方面发挥着至关重要的作用。在物联网的感知层,通常使用各种传感器,如感烟传感器、感温传感器、视觉传感器(摄像机)等完成森林火灾数据的采集;物联网的网络层主要负责森林火灾采集数据的分发与传输,包括有线传输和无线传输;而在物联网的应用层,通过研发与森林火灾监测系统相融合的监测应用,可构建层次化的林火监测物联网应用体系。

加强物联网等新一代信息技术在林业灾害监测、预警预报和应急防控中的集成应用,是一项现实而急迫的任务。目前,物联网技术在林业灾害应急管理中的应用正得到广泛的推广和实践。

2.5 云计算技术

2.5.1 云计算技术的概述

云计算(Cloud Computing)是一种基于互联网的计算方式,是传统计算机技术和网络技术发展融合的产物,也是引领未来信息产业创新的关键战略性技术和手段。狭义云计算指IT基础设施的交付和使用模式,指通过网络以按需、易扩展的方式获得所需资源;广义云计算指服务的交付和使用模式,指通过网络以按需、易扩展的方式获得所需服务。

云计算是继20世纪80年代大型计算机到客户端-服务器的大转变之后的又一种

巨变。用户不需要了解“云”中基础设施的细节,不必具有相应的专业知识,也无须直接进行控制。云计算的核心思想,是将大量用网络连接的计算资源统一管理和调度,构成一个计算资源池向用户提供提供按需服务。提供资源的网络被称为“云”。“云”中的资源在使用者看来是可以无限扩展的,并且可以随时获取,按需使用,随时扩展,按使用付费。

云计算按需提供弹性资源,它的表现形式是系列服务的集合。结合当前云计算的应用与研究,其体系架构可分为核心服务层、服务管理层和用户访问接口层,如图2-2所示。核心服务层将硬件基础设施、软件运行环境、应用程序抽象成服务,这些服务具有可靠性强、可用性高、规模可伸缩等特点,满足多样化的应用需求。服务管

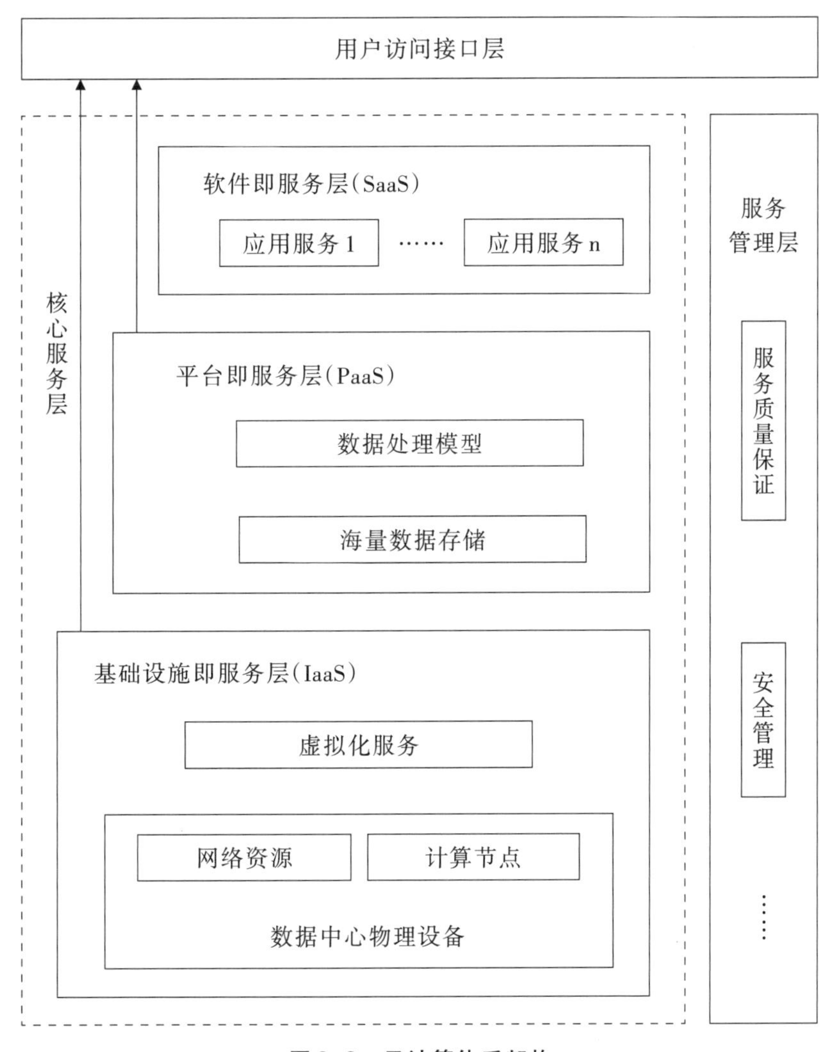

图2-2 云计算体系架构

理层为核心服务层提供支持，进一步确保核心服务的可靠性、可用性与安全性。用户访问接口层实现从端到云的访问。

2.5.1.1 核心服务层

云计算核心服务层通常分为三个子层：基础设施即服务层（Infrastructure as a Service, IaaS）、平台即服务层（Platform as a Service，PaaS）、软件即服务层（Software as a Service，SaaS）。

IaaS提供硬件基础设施部署服务，为用户按需提供实体或虚拟的计算、存储和网络等资源，在使用IaaS层服务的过程中，用户需要向IaaS层服务提供商提供基础设施的配置信息，运行于基础设置的程序代码以及相关的用户数据。由于数据中心是IaaS层的基础，因此数据中心的管理和优化问题近年来成为研究热点。此外，为了优化硬件资源的分配，IaaS层引入了虚拟化技术。借助于Xen、KVM、VMware等虚拟化工具，可以提供可靠性高、可定制性强、规模可扩展的IaaS层服务。

PaaS是云计算应用程序运行环境，提供应用程序部署与管理服务。通过PaaS层的软件工具和开发语言，应用程序开发者只需上传程序代码和数据即可使用服务，而不必关注底层的网络、存储、操作系统的管理问题。由于目前互联网应用平台（如Facebook、Google、淘宝等）的数据量日趋庞大，PaaS层应当充分考虑对海量数据的存储与处理能力，并利用有效的资源管理与调度策略提高处理效率。

SaaS是基于云计算平台所开发的应用程序。企业可通过租用SaaS层服务解决企业信息化问题，如企业通过G-mail建立属于该企业的电子邮件服务。该服务托管于Google的数据中心，企业不必考虑服务器的管理和维护问题。对普通用户来讲，SaaS层服务将桌面应用程序迁移到互联网，可实现应用程序的泛在访问。

2.5.1.2 服务管理层

服务管理层对核心服务层的可用性、可靠性和安全性提供保障。服务管理包括服务质量（Quality of Service，QoS）保证和安全管理等。

云计算需要提供高可靠、高可用、低成本的个性化服务。然而，云计算平台规模庞大且结构复杂，很难完全满足用户的QoS需求。为此，云计算服务提供商需要和用户协商，并制订服务水平协议（Service Level Agreement，SLA），使得双方对服务质量的需求达到一致。当服务提供商提供的服务未能达到SLA的要求时，用户将得到补偿。

此外，数据的安全性一直是用户较为关心的问题。云计算数据中心采用的资源集中式管理方式使得云计算平台存在单点失效问题。保存在数据中心的关键数据会因为突发事件(如地震、断电等)、病毒入侵、黑客攻击而丢失或泄露。根据云计算服务特点,研究云计算环境下的安全与隐私保护技术(如数据隔离、隐私保护、访问控制等)是保证云计算得以广泛应用的关键。

除了QoS保证、安全管理外,服务管理层还包括计费管理、资源监控等管理内容,这些管理措施对云计算的稳定运行同样起到重要作用。

2.5.1.3 用户访问接口层

用户访问接口层实现了云计算服务的泛在访问,通常包括命令行、Web服务、Web门户等形式。命令行和Web服务的访问模式既可为终端设备提供应用程序开发接口,又便于多种服务的组合。Web门户是访问接口的另一种模式。通过Web门户,云计算将用户的桌面应用迁移到互联网,从而使用户可以随时随地通过浏览器访问数据和程序,提高工作效率。

2.5.2 云计算技术的特点

云计算的目的是实现低成本、高可靠性的个性化服务。为了完成这个目标,云计算具有以下四个关键技术特征:

一是软、硬件都是资源,通过网络以服务的形式提供给用户。Amazon EC2将计算处理能力打包为资源提供给用户;Google APP Engine将部署的软硬件平台及开发模式提供给用户;Salesforce.com CRM将客户管理模式提供给用户。因而在云计算中,资源已不是简单的诸如处理机使用、存储空间、网络带宽等硬件,而是扩展到开发模式及软件平台和Web服务。

二是资源按需扩展与配置,包括CPU、存储、带宽和中间件应用等。资源的规模可以动态伸缩,满足应用和用户规模变化的需要。云计算模式具有极大的灵活性,足以适应各个开发与部署阶段各种类型和规模的应用程序,提供者可以根据用户的需要及时部署资源,最终用户也可按需选择。Amazon EC2在9个小时内为The Washington Post初始化200台服务器并完成转换工作,Salesforce.com CRM为Haagen-Dazs在成型的客户关系管理系统中动态添加模块来满足不同用户的不同需求。

三是虚拟化与可靠服务。虚拟化是将底层物理设备与上层操作系统和软件分离的一种去耦合技术。虚拟化的目标是实现IT资源利用效率和灵活性的最大化。虚拟化是云计算的重要特征。使用虚拟化技术,云计算应用可以将一个任务拆分成不同部分在不同计算机上运行,也可以将不同任务在同一台大型计算机上运行。这就是所谓正向与反向虚拟化技术。在虚拟化技术中，计算单元、存储单元的冗余设计以及故障监测及迁移都将提高云计算平台的可靠性，为用户提供不间断的服务。

四是共享资源与按需使用。云计算中的资源都以分布式共享的形式存在，在逻辑上通过资源管理形式统一管理。例如，IBM公司在世界范围内共拥有9所研究院，IBM RC2 将这些研究院中的数据中心通过企业内部网连接起来，为世界各地的研究者提供服务。作为最终用户，这些研究者并不知道也不关心某一次科学运算运行在哪个研究院的哪台服务器上，因为云计算中分布式的资源向用户隐藏了实现细节，并最终以单一整体的形式呈现给用户。用户按需使用云中资源，按实际使用量付费，而不需要管理它们。即付即用的方式已广泛应用于存储和网络带宽中(计费单位为字节)。虚拟程度的不同导致了计算能力的差异。例如，Google的App Engine按照增加或减少负载来达到其可伸缩性，而其用户按照使用CPU的周期来付费；亚马逊的AWS则是按照用户所占用的虚拟机节点的时间来进行付费(以小时为单位)，根据用户指定的策略，系统可以根据负债情况进行快速扩张或者缩减，从而保证用户只使用他所需要的资源。

2.5.3 云计算技术的发展动态

在我国，云计算发展非常迅猛。

2008年12月，阿里巴巴集团旗下子公司阿里软件与江苏省南京市政府正式签订了2009年战略合作框架协议，计划于2009年初在南京建立国内首个“电子商务云计算中心”，首期投资额将达上亿元人民币。

2009年11月，全国首家云计算产业协会在深圳成立，标志着深圳市政府对于云计算产业在未来发展的高度重视，同时标志着深圳市企业对于云计算研究及应用领域的关注与信心。

2009年12月，中国云计算技术与产业联盟在京成立，40多家企业一起共同协议成立中国云计算技术与产业联盟。

2010年10月，国家发展改革委与工业和信息化部联合印发《关于做好云计算服务创新发展试点示范工作的通知》，确定在北京、上海、深圳、杭州、无锡5个城市先行开展云计算服务创新发展试点示范工作。

2011年4月，国内最大的云计算试验区在重庆两江新区开建。同年，由深圳云计算产业协会联合英特尔、IBM、金蝶等国内外相关企业创建的深圳云计算国际联合实验室正式揭牌。

今天，科学技术的发展日新月异，在全球各界因经济衰退、欧债危机、新兴市场经济增速放缓而不断努力寻求降低成本、推动创新道路的背景下，云计算的应用正在迅猛发展。Google、IBM、亚马逊、微软、雅虎、英特尔等IT业巨头已经全力投入云计算争夺战之中，将云计算作为战略制高点。云安全、云杀毒、云存储、内部云、外部云、公共云、混合云、私有云等概念先后形成出现。美国"互联网和美国人生活研究项目"的一项研究成果显示，约有70%的互联网用户在使用云计算服务。近10年，云计算仍处于起步或初级阶段，但会是一个快速的发展阶段，到2020 年才可能实现标准化、规范化、社会化，进入趋于成熟的阶段。

2.5.4 云计算技术在林业中的应用

智慧林业是利用无线传感器网络、移动Ad hoc网络、认知无线电、卫星、地理信息系统(GIS)及可视化技术把森林资源及生态信息系统数字化，并在此基础上使用云计算作为智慧决策关键，结合资源信息指标的动态分析，实现生态资源的智慧决策与自然控制预演和多方案的比较分析，从而为自然控制设计与决策提供强有力的可视化分析手段。在林业灾害应急管理方面，云计算技术在系统平台构建上得到了广泛的应用。构建智慧林业云计算平台不但可以为林业智能决策提供计算和存储能力，而且其扩展性可以极大地方便用户，使其成为智慧林业的核心。智慧林业云计算平台的虚拟化技术及容错特性保证了其存储、运算的高可靠性。此外，SaaS技术可以使得大量GIS软件发布到云计算平台。

2.6 人工智能技术

2.6.1 人工智能技术的概述

人工智能(Artificial Intelligence，AI)是研究、开发用于模拟、延伸和扩展人的智能的理论、方法、技术及应用系统的一门新的技术科学。人工智能通过计算机来模拟人的一些思维过程和智能行为(如学习、推理、思考、规划等)，根据大量的数据资料做出对未来的预测。由于同时分析过去的和实现的数据，AI能注意到有哪些资料属于例外，并做出合理、合适的推断，而数据对于人工智能的重要性也就不言而喻了。因此，若要使AI引擎变得更加聪明、更强大，就需要持续的数据流入。对于AI来说，它可以处理和从中学习的数据越多，其预测的准确率也会越高。

2.6.2 人工智能的特点

从当前人工智能的研究趋势和应用前景来看，人工智能技术具有以下五个特点。

（1）从人工知识表达到大数据驱动的知识学习技术。

（2）从分类型处理的多媒体数据转向跨媒体的认知、学习、推理。

（3）从追求智能机器到高水平的人机、脑机相互协同和融合。

（4）从聚焦个体智能到基于互联网和大数据的群体智能，它可以把很多人的智能集聚融合起来变成群体智能。

（5）从拟人化的机器人转向更加广阔的智能自主系统，比如智能工厂、智能无人机系统等。

总的来说，人工智能技术的出现，最终是为了替代手工劳作，完成人类正常的生产活动。因此，人工智能技术还应具有智能性和广泛性的基本特征。

2.6.3 人工智能技术的发展动态

从概念提出至今，人工智能已有60多年的发展历史，其间大致经历了3次浪潮。按时间维度划分，第一次浪潮为20世纪50年代末至70年代；第二次浪潮为20世纪80年代初至20世纪末；第三次浪潮为21世纪初到现在。如图2-3所示。

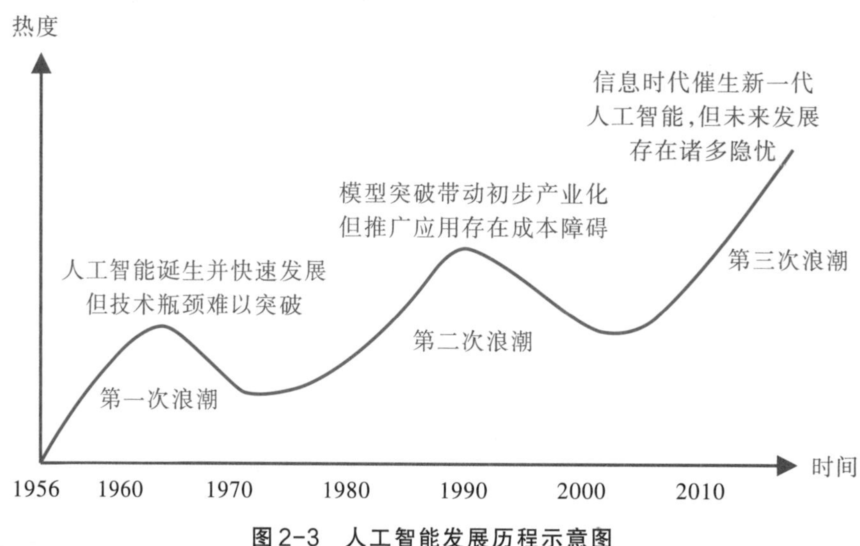

图2-3 人工智能发展历程示意图

2.6.3.1 第一次浪潮:人工智能诞生并快速发展,但技术瓶颈难以突破

(1)符号主义盛行,人工智能快速发展

1956年到1974年是人工智能发展的第一个黄金时期。科学家将符号方法引入统计方法中进行语义处理,出现了基于知识的方法,人机交互开始成为可能。科学家发明了多种具有重大影响的算法,如深度学习模型的雏形贝尔曼公式。除在算法和方法论方面取得了新进展,科学家们还制作出具有初步智能的机器,如能证明应用题的机器STUDENT,可以实现简单人机对话的机器ELIZA。

(2)模型存在局限,人工智能步入低谷

1974年到1980年,人工智能的瓶颈逐渐显现,逻辑证明器、感知器、增强学习只能完成指定的工作,对于超出范围的任务则无法应对,智能水平较为低级,局限性较为突出。造成这种局限的原因主要体现在两个方面:一是人工智能所基于的数学模型和数学手段被发现具有一定的缺陷;二是很多计算的复杂度呈指数级增长,依据现有算法无法完成计算任务。先天的缺陷是人工智能在早期发展过程中遇到的瓶颈,研发机构对人工智能的热情逐渐冷却,对人工智能的资助也相应被缩减或取消,人工智能第一次步入低谷。

2.6.3.2 第二次浪潮:模型突破带动初步产业化,但推广应用存在成本障碍

(1)数学模型实现重大突破,专家系统得以应用

进入20世纪80 年代,人工智能再次回到了公众的视野当中。人工智能相关的数学模型取得了一系列重大发明成果,其中包括著名的多层神经网络和BP反向传播算法等,这进一步催生了能与人类下象棋的高度智能机器。其他成果包括通过人工智能网络来实现能自动识别信封上邮政编码的机器,精度可达99%以上,已经超过普通人的水平。

(2)成本高且难维护,人工智能再次步入低谷

为推动人工智能的发展,研究者设计了LISP语言,并针对该语言研制了Lisp计算机。该机型指令执行效率比通用型计算机更高,但价格昂贵且难以维护,始终难以大范围推广普及。与此同时,在1987年到1993年间,苹果和IBM公司开始推广第一代台式机,随着性能不断提升和销售价格的不断降低,这些个人电脑逐渐在消费市场上占据了优势,越来越多的计算机走入个人家庭,价格昂贵的Lisp计算机由于古老陈旧且难以维护逐渐被市场淘汰,专家系统也逐渐淡出人们的视野,人工智能硬件市场出现明显萎缩。同时,政府经费开始缩减,人工智能又一次步入低谷。

2.6.3.3　第三次浪潮：信息时代催生新一代人工智能，但未来发展存在诸多隐忧

（1）新兴技术快速涌现，人工智能发展进入新阶段

随着互联网的普及、传感器的泛在、大数据的涌现、电子商务的发展、信息社区的兴起，数据和知识在人类社会、物理空间和信息空间之间交叉融合、相互作用，人工智能发展所处信息环境和数据基础发生了巨大而深刻的变化，这些变化构成了驱动人工智能走向新阶段的外在动力。与此同时，人工智能的目标和理念出现重要调整，科学基础和实现载体取得新的突破，类脑计算、深度学习、强化学习等一系列的技术萌芽也预示着内在动力的成长，人工智能的发展已经进入一个新的阶段。

（2）人工智能水平快速提升，人类面临潜在隐患

得益于数据量的快速增长、计算能力的大幅提升以及机器学习算法的持续优化，新一代人工智能在某些给定任务中已经展现出达到或超越人类的工作能力，并逐渐从专用型智能向通用型智能过渡，有望发展为抽象型智能。随着应用范围的不断拓展，人工智能与人类生产生活联系得愈发紧密，一方面给人们带来诸多便利，另一方面也产生了一些潜在问题：一是加速机器换人，结构性失业可能更为严重；二是隐私保护成为难点，数据拥有权、隐私权、许可权等界定存在困难。

2.6.4　人工智能技术的研究及其应用领域

当前，人工智能以其强大的应用能力深入人们工作、生活的各个领域，为日常生活带来了各种便利，给社会发展带来了巨大的影响。人工智能的研究及应用领域主要包括以下几个方面：

信息识别。随着计算机系统的不断发展，急切地要求计算机可以有更多更方便快捷地进行信息交互的模式，例如文字、图片、温度、震动等。传统的鼠标、键盘、摄像头、话筒等等这些设备往往不能直观地进行数据交互。于是，当下，信息传感收集的装置飞速发展，例如：指纹识别、心跳感应、红外温度探测等等。这都为人工智能的发展提供了必不可少的条件。

语音识别。语言识别是人工智能早期的研究领域之一。能够让人工智能系统识别人类的语言无疑能给人工智能的发展带来飞速的进步。然而，要使计算机能够"理解"人类的预案却不是件简单的事，这需要计算机能够进行独立思考，对语言进行推理判断。当前语言识别存在的两大问题分别是准确性和反应速度。我们目前熟知的语言识别处理的人工智能系统有苹果公司的Siri、微软小娜等，这些识别的准确性和

反应速度,以及对问题处理的能力都远达不到人们预期的可用性。

自动程序设计。自动程序设计就是指人工智能系统可以通过不断的实践,自动地对本身的程序进行修正,进行不断地学习,自动程序设计要完成的目标是人工智能系统自发地对问题进行求解。

智能机器人。智能机器人也是人工智能研究的一个重要领域,从人工智能的最初阶段就已被提出。目前已经有很多的人工智能机器人运行在社会的各个岗位上,不过这些智能机器人大多只是按照预先设计好的程序进行一个简单重复的操作,并不具备智能。

2.6.5 人工智能技术在林业中的应用

当前,由人工智能所引发的林业变革正在持续发酵中,未来,人工智能为林业行业带来的“惊艳”值得期许。一是林业地域偏远,空间广阔,正是AI用武之地。二是林业行业传统,操作简单,应用AI效果显著。三是林业劳动密集,工作重复,AI可以大显身手。四是林业灾害隐蔽,管理困难,急需AI解决传统林业灾害应急管理中的问题。

人工智能是以数据为驱动的决策机制,根据实时数据和各类信息,综合调配和运用分析,最终实现自动智能化,达到最佳应用。有研究表明,森林气象因素,如大气相对湿度、空气温度、大气压力等与森林、草原的火灾和虫灾密切相关,是灾害预测的主要依据之一。

在森林气象及环境信息森林灾害监测过程中,在观测点周围选择有代表性的地段放置环境传感器,自动监测温度、湿度、干燥度、蒸发量、风向、风力等环境因子。某一区域内的森林、草原在温度、湿度等环境因子达到临界点时,通过智联网对传感数据进行快速分析处理,可以对森林、草原灾害的发生做出预测,及时发布监测动态,制订预防和防治措施。安装清晰度高的摄像头,定期对周围环境进行扫描,通过智联网可以实现灾害自动监测、自动分析、自动制订策略。

卫星和无人机是对森林、草原进行监测的重要手段,在空间层次上也是基于高层的灾害监测手段,具有监测范围广、时间频率高、时效性强的优点,但是卫星和无人机采集到的数据是海量数据。将人工智能和深度学习技术应用到图像数据处理当中,大大提高了图像自动识别和目标提取的准确率。将处理结果传输到智联网中,与环境传感器获取的数据相融合,就能生成更加精确的灾害预测和预警结果。

2.7 5G技术

2.7.1 5G技术的概述

5G(Fifth Generation)技术是第五代移动通信技术的简称,是在4G技术发展的基础上实现更快网络通信传输的一种技术。移动通信技术对人们生产、生活和工作等各个方面都产生了极其重要的影响,人们对5G技术的发展和应用给予高度的期待。5G技术将作为未来高速信息发展时代的一个重要技术标志,成为促进人们生活品质提升、社会高速发展的重要技术支持手段。

新一代移动网络通常意味着全新的架构,考虑到流量增长的趋势,5G势必要在网络上进行彻底的变革,如基于软件驱动的架构、极高密度的流体网络、更高频段以及更广泛的频谱范围、满足数十亿乃至上百亿终端设备的接入需求、Gbps量级的容量等,这些都是无法由目前的网络提供的。

2.7.2 5G技术的特点

结合现有的网络技术发展及用户需求,5G技术具有以下六个基本特点。

2.7.2.1 高速度

相对于4G,5G要解决的第一个问题就是高速度。网络速度提升,用户体验与感受才会有较大提高,网络才能在面对VR/超高清业务时不受限制,对网络速度要求很高的业务才能被广泛推广和使用。因此,5G第一个特点就定义了速度的提升。

2.7.2.2 泛在网

随着业务的发展,网络业务需要无所不包、广泛存在。只有这样才能支持更加丰富的业务,才能在复杂的场景中使用。泛在网有两个层面的含义:一是广泛覆盖,一是纵深覆盖。

广泛是指我们社会生活的各个地方,需要广覆盖,以前高山峡谷就不一定需要网络覆盖,因为生活的人很少,但是如果能覆盖5G,可以大量部署传感器,进行环境、空气质量甚至地貌变化、地震的监测,这就非常有价值。5G可以为更多这类应用提供网络。

纵深是指我们生活中,虽然已经有网络部署,但是需要进入更高品质的深度覆盖。我们今天家中已经有了4G网络，但是家中的卫生间可能网络质量不是太好，地下停车库基本没信号。5G的到来，可把以前网络品质不好的卫生间、地下停车库等都用很好的5G网络广泛覆盖。

2.7.2.3 低功耗

5G要支持大规模物联网应用，就必须要有功耗上的要求。这些年，可穿戴产品有一定发展，但是遇到很多瓶颈，最大的瓶颈是体验较差。以智能手表为例，每天充电，甚至不到一天就需要充电。所有物联网产品都需要通信与能源，虽然今天通信可以通过多种手段实现，但是能源的供应只能靠电池。通信过程若消耗大量的能量，就很难让物联网产品被用户广泛接受。如果能把功耗降下来，让大部分物联网产品一周充一次电，甚或一个月充一次电，就能大大改善用户体验，促进物联网产品的快速普及。

2.7.2.4 低时延

5G的一个新场景是无人驾驶、工业自动化的高可靠连接。人与人之间进行信息交流，140毫秒的时延是可以接受的，但是如果这个时延用于无人驾驶、工业自动化就无法接受。5G对于时延的最低要求是1毫秒，甚至更低。这就对网络提出严酷的要求。而5G是这些新领域应用的必然要求。

2.7.2.5 万物互联

传统通信中，终端是非常有限的。固定电话时代，电话是以人群为定义的。而手机时代，终端数量有了巨大爆发，手机是按个人应用来定义的。到了5G时代，终端不是按人来定义，因为每人、每个家庭可能拥有数个终端。社会生活中大量以前不可能联网的设备也会进行联网工作，更加智能。汽车、井盖、电线杆、垃圾桶这些公共设施，以前管理起来非常难，也很难做到智能化。而5G可以让这些设备都成为智能设备。

2.7.2.6 重构安全

传统的互联网要解决的是信息速度、无障碍的传输，自由、开放、共享是互联网的基本精神，但是在5G基础上建立的是智能互联网。智能互联网不仅要实现信息传输，还要建立起一个社会和生活的新机制与新体系。智能互联网的基本精神是安全、管理、高效、方便。安全是5G之后的智能互联网第一位的要求。假设5G建设起来却无法重新构建安全体系，那么会产生巨大的破坏力。

在5G的网络构建中，在底层就应该解决安全问题，从网络建设之初，就应该加入安全机制，信息应该加密，网络并不应该是开放的，对于特殊的服务需要建立起专门的安全机制。

2.7.3 5G技术的发展动态

当前，5G已全面进入研发测试与标准化阶段。国际电信联盟组织(ITU)已完成5G愿景研究，2017年11月启动了5G技术方案征集，2020年将完成5G标准制订。3GPP(3rd Generation Partnership Project)标准化机构已于2016年初启动5G标准研究，2017年12月完成非独立组网5G新空口技术标准化、5G网络架构标准化，2018年6月已形成5G标准统一版本，完成独立组网5G新空口和核心网标准化，2019年底完成满足ITU要求的5G标准完整版本。

在全球范围内，各国组织积极参与5G技术的研发，力争5G标准和产业发展主导权。日本成立5G移动通信推进论坛组织(5GMF)，于2017年正式启动5G技术试验工作，NTT docomo正在组织10余家主流企业验证5G关键技术，进行关键技术及频段筛选，计划在2020年实现5G商用以支持东京奥运会；韩国2015年发布5G国家战略，启动GIGA Korea项目，陆续投入1.6万亿韩元(约14.3亿美元)，于2018年2月平昌冬奥会上开展了5G预商用试验，计划2020年底实现5G全面商用；欧盟于2016年发布5G行动计划并启动频率规划，启动5G PPP、METIS等5G研究项目，启动5G技术试验，力争2020年实现5G技术的垂直行业应用；美国成立5G American组织，于2016年启动了5G外场试验并发布5G高频频段，投入约4亿美元支持5G试验及研发，从2017年2月起已陆续开启5G的部分预商用。

与此同时，我国也积极部署5G研究。我国已成立IMT-2020推进组，有效推动了5G试验规划的实施，目前已有56个成员，涵盖了国内外移动通信的产学研用单位。我国已全面启动5G技术研发试验，完成了5G关键技术方案验证，2018年1月启动5G系统验证，2019年进入产品研发试验阶段，2020年实现5G技术的商用。在技术研发试验阶段(2015~2018年)，由中国信息通信研究院牵头组织，运营商、设备企业及科研机构共同参与。其中，关键技术验证进行了单点关键技术样机功能和性能测试，包括大规模天线、新型多址、新型多载波、高频段通信、极化码、超密集组网、全双工和空间调制等。

目前，5G技术已经确定了8大关键能力指标：峰值速率达到20Gb/s、用户体验数据率达到100Mb/s、频谱效率比IMT-A提升3倍、移动性达500Km/小时、时延达到1毫秒、连接密度每平方公里达到106个、能效比IMT-A提升100倍、流量密度每平方米达到10Mb/s。较4G而言,5G在通信能力和效率上都将实现大幅跨越。

2.7.4 5G技术在林业中的应用

5G通信技术构建的是一个强大的基础承载网络,具备低时延、高可靠、大吞吐量等特点,为林业灾害应急管理提供了良好的网络支撑。基于5G通信技术的优势,管理员可以及时获取到物联网终端设备收集到的各类感知信息,包括高分辨率的图片和视频等,通过云计算和应用类软件将对森林环境的感知、决策、控制功能模块都上升到云端,依托云端的计算能力进行处理并下发,降低对巡逻人员的依赖,所有对森林灾害的监控、管理工作,都可以在后台控制调度中心实现,从而更有效地实现对森林灾害的远程管理。

第3章

“互联网+”林业灾害应急管理
——森林火灾监测

3.1 “互联网+”森林火灾监测的建设背景

林业信息化建设是国家信息化发展战略的重要组成部分之一，是加快推进新农村建设和现代林业建设的迫切需求。“互联网+”林业灾害应急管理是推进农村信息化、林业信息化建设的重要举措，其中森林火灾监测是“互联网+”林业灾害应急管理建设的一个工作重点。

森林面临着众多潜在的威胁因素，其中火灾对森林的破坏最大，火烧不仅能将茂密的树木变成焦土，还会造成惨重的人员伤亡和重大经济损失。森林火灾突发性强、危害巨大、处置及救助较为困难，一旦发生就会造成不可挽回的经济损失，不但影响林区正常的生产生活秩序，而且破坏森林植被和生态系统。近几十年来，受全球变暖和人为因素等影响，全球进入了森林火灾易发期和危险期。俄罗斯森林面积广阔，森林火灾时有发生，2010年的森林大火长时间无法扑灭，造成的后果超乎想象。据俄罗斯政府统计显示，截至2010年8月8日，其境内共有554个森林着火点和26个泥炭着火点，森林着火总面积超过19万平方公里，火灾造成53人死亡、500多人受伤，导致134个居民点受灾，2000间房屋被毁，5000多人无家可归，8.6万人被紧急疏散，还有一些军事基地也被烧毁。有专家称，俄罗斯2010年因火灾造成的直接经济损失可能达150亿美元，相当于当年国内生产总值的1%。据相关统计显示，澳大利亚维多利亚州平均每年发生600余起森林火灾，其中始于2009年2月7日的澳大利亚东南部地区山林大火是该国历史上最大的森林火灾，在燃烧了一个多月后才被扑灭。此次火灾共导致210人死亡，燃烧总面积达41万公顷，1800多栋房屋被烧毁，近100万头牲畜和野生动物死亡。近年来，每年都有关于美国加州火灾的报道。加州史上最大的5场山火中，有4场都是2012年后发生的。2018年11月8日，美国加州山林火灾震惊世人，这场山火也被称为“21世纪灾害”，造成近90人死亡、200多人失踪，大火覆盖面积超过182平方英里，共计7100所房屋和其他建筑物被毁。

中国的森林面积有2.08亿公顷，全球排名第5，森林火灾也时有发生。以浙江省为例，其素有“七山一水两分田”的称号，全省林地面积660.95万公顷，其中森林面积607.82万公顷，森林覆盖率61.17%，湿地总面积111.01万公顷，有高等野生植物5500多种，陆生野生动物689种，38个国家级森林公园，78个省级森林公园。然而，近30年来浙江省共发生森林火灾23899起，年均797起；受害森林面积12.5万公顷，年均0.4万公顷。其中，近20年共发生森林火灾19907起，年均995起，受害森林面积9.3万公顷，年均0.47万公顷；近10年共发生森林火灾3992起，年均399起，受害森林面积3.17万公顷，年均0.31万公顷。2013年8月杭州市富阳区发生了持续燃烧了107个小时的森林大火，社会影响很大，损失极为惨重。

森林防火是一项长期且艰巨的任务。一是由于山区道路不便，如遇到极难走的道路，人员携带扑火工具难以迅速抵达火场，耽误扑救森林火灾的最佳时间，造成火势蔓延。二是通信设备设施落后，遇到突发情况，不能及时联络，造成各扑火队员不能相互配合，难以完成对火情的抑制。总的来说，森林防火面临着林区内防火基础设施建设还不够完善，火灾预防、扑救应急预案体系不够健全等突出问题。

近年来，浙江省林业信息化建设的步伐加快，在森林火灾监测方面开发与应用了“森林公安（森林消防）信息管理系统”，在浙江省森林火灾的监测和管理过程中发挥了重要的作用。但由于浙江省森林面积比重大、分布广，许多地方山高坡陡，交通不便，加之人口密度大，人为生产生活频繁，森林火灾隐患严重，森林防火的人力物力又十分有限，森林火灾难以及早发现，火灾发生时不能第一时间赶赴现场，指挥调度存在困难。此外，信息不畅，未严格执行“有火必报、报扑同步”制度，导致不能实时上报灾情。为了解决以上问题，需推进“互联网+”森林火灾监测应用建设。

“互联网+”森林火灾监测应用利用信息通信技术及互联网平台，让互联网与森林火灾监测进行深度融合，充分发挥互联网在森林火灾监测资源中的优化和集成作用，高效率地完成森林火灾监测任务。

3.2 “互联网+”森林火灾监测现状

森林火灾监测是森林火灾防治的重要内容之一。美国、日本、澳大利亚和欧洲部分国家具有高度深入的科学研究水平、高度发达的信息网络和先进的林火管理手段，目前仍然是世界上森林火灾研究和应用的引领者。美国、加拿大、澳大利亚、苏联早于20世纪80年代就根据自己的国情开发建立了森林火灾管理系统。例如，1972年美国研制出国家级火灾预报系统（NFDRS）；1987年加拿大研制出森林火险等级系统；1990年，波兰将遥感和地理信息系统技术相结合监测森林火灾，并和比利时共同建立了林火数据库来辅助防火指挥。2009年，美国已将森林火灾监测系统与地理信息系统融合，在构建“互联网+”森林火灾监测系统领域迈出了坚实一步。总体上，现有森林火险监测和预警主要从气象因素角度来研究，森林火险天气等级主要考虑气象因素对林火发生的影响，但没有考虑可燃物特性、气压、火源等因素对林火发生的作用，故而影响了预报的准确性和时效性。

随着互联网技术的发展，新时代的森林火灾监测充分利用移动互联网、物联网、云计算等新一代信息技术，通过感知化、物联化、智能化的手段，形成了高效可靠的“互联网+”森林火灾监测体系。近年来，随着计算机技术的发展，以图像处理技术为代表的新型技术被广泛应用于“互联网+”森林火灾监测，国内外各界在“互联网+”森林火灾监测领域取得了长足的进展。物联网技术的不断发展，也给“互联网+”森林火灾监测带来了新的思路。我国积极推进森林火灾互联网化建设，通过多方在安防监控、图像处理、指挥调度方面的合作，逐步构建了包含自身特色的“互联网+”森林火灾监测体系。例如，黑龙江省森林工业总局防火办于2001年利用互联网建立了森林防火信息传输系统，并在实践中推广应用，取得了明显效果。2014年安徽省安庆市依托中国电信安徽公司承建的“森林防火监控和调度系统”，将“互联网+”与森林防火结合在一起，为安庆绿水青山撑起一把智慧保护伞。2013年，学者罗志祥在相关论文中分析了森林防火及生态保护数字化物联网监测预警指挥系统中的林火监测技术、指挥平台的功能特点，简述了该系统在林业信息化中的应用前景。2018年，国外成功实践了以IoT为基础技术的森林火灾监测系统。此外，无人机技术已被广泛应用于资源勘测、灾害救援等场合。在过去几年里，国外研究界积极探索无人机在森林防火中的应用。如今,无人机正逐渐被推广和应用于"互联网+"森林火灾监测领域。2018年,甘肃省林业厅为重点林区配置森林防火无人机,大大提升了森林资源安全保护的综合防控能力,标志着高科技化应用于林业系统又向前迈进一大步。

3.3 "互联网+"森林火灾监测需解决的主要问题

建设"互联网+"森林火灾监测应用,最重要的是将互联网技术与森林火灾防治的场景相结合,发挥互联网技术的优势,构建系统化、高效化的森林火灾监测体系。在推进"互联网+"森林火灾监测应用示范建设中,必须重点解决以下几个基本问题。

3.3.1 实时化数据采集

森林火灾监测的目的是实时监测可视森林区域,当出现火灾时及时报警,从而迅速采取扑救措施,并尽可能在早期完成扑救工作,以降低森林火灾带来的损失。为了完成森林火灾的监测任务,如何高效及时地进行火灾数据采集,是一个首要问题。通常,野外林区具有面积大、自然环境复杂等特点,给森林火灾灾害数据的采集带来了不少难度。森林火灾灾害数据采集的过程包括采集端、传输端和系统端,涉及一系列基础设施的搭建。采集端建设包括林区采集设备的搭建和部署,如林火传感器、监控摄像机、无人机等;传输端的基础设施是火灾数据从林区到系统的中间桥梁,包括网关、路由器、光纤等一系列网络设施,主要解决林业灾害数据传输的问题;系统端包括了服务器、计算机及其相关设备,主要为"互联网+"森林火灾监测的软件系统搭建奠定基础。在采集端和传输端,如何保证林区的灾害数据能被大范围、实时、准确地采集,同时保证数据通过网络被实时、可靠地传输到系统,是"互联网+"森林火灾监测应用建设中必须要解决的问题。

3.3.2 自动化林火检测

当前,森林火灾检测应用的趋势是采集设备类型丰富、采集数据量大、检测任务计算量大,因此系统架构多基于云计算的模式。通过在林业示范区实践系统的部署与应用,我们发现,即使是目前基于云计算架构的"互联网+"森林火灾监测系统,仍然在检测精度及检测效率等方面存在不少问题,其表现为从采集设备获取监测数据到系统反馈检测结果之间延时较大，计算复杂度较高，需要专业人员的参与。在云计算架构的系统中，林火检测的功能主要由云计算中心调用相关检测算法实现。在数据量较大的情况下，通常难以保证在检测精度与复杂度间有效地折中，往往需要专业人员对应用需求、计算算法、模型参数等做适当的调整和优化。另一方面，在实际部署时，云计算中心通常与森林监测区域相隔较远距离，监测数据传输耗时较长，可靠性较低，导致林火检测精度较低。如何保证在各种复杂多变的数据采集条件下，实现林火检测的自动化进行，以减少系统运行成本，并提高检测精度，是“互联网+”森林火灾监测应用中的难点。

3.3.3 智能化林火报警

在森林火灾自动化检测的基础上，如何设计直接有效的森林火灾报警系统，也是“互联网+”森林火灾监测用于建设中需要解决的问题。目前，森林火灾报警系统往往存在以下问题：

一是报警形式单一：目前已有系统的报警形式常常是仅在客户端软件上显示报警信息，而不能通过多种形式报警（如通过绑定社交软件报警），从而在第一时间通知工作人员。

二是报警层次单一：目前已有系统缺乏多层次的报警。有效的报警形式应该是多层次的，包括森林管理中心报警、森林监测站报警、森林监测区域报警等各层次。

3.3.4 实用化监测系统的搭建

如何有效地搭建森林火灾监测系统，是构建“互联网+”森林火灾监测应用体系需要解决的一个基本问题。为了保障系统的高效性、实用性，在搭建森林火灾监测系统时，必须考虑以下几个问题。

3.3.4.1 大数据处理

大数据时代的到来，使得森林火灾监测也遇到了更多的挑战。林火灾害数据采集方式逐渐多样化，数量庞大的采集或监测设备被部署到林区，形成了高覆盖、多样式、实时化的森林灾害数据采集体系。这就要求新一代的森林火灾监测系统必须能处理海量的灾害数据，并且能快速准确地从这些数据中识别和检测出火灾。传统的森林火灾系统缺少大数据处理能力，计算能力不足，这将严重影响火灾检测的效率。为了保证系统具有大数据处理能力，除了要增加计算设备数量，更重要的是要改变传统的单一的系统架构模式，基于大数据云计算技术，搭建高效可靠的森林火灾监测系统，充分发挥设备的计算能力，完成数据庞大的森林火灾监测任务。

3.3.4.2 林火检测算法研发

“互联网+”森林火灾监测系统的一个重要应用就是在采集的林火监测数据的基础上，运用林火检测算法，实现自动化、准确化、实时化的森林火灾自动预警。其中，林火检测算法的研发是整个检测应用的关键，是“互联网+”森林火灾检测应用建设中需要重点解决的问题。例如，在基于视频图像的森林监测应用中，需要研发与火灾识别相关的图像处理和识别算法，实现图像的自动化识别和报警。而在基于林火传感器的森林监测应用中，涉及传感器数据校准算法和阈值判定算法，以提高林火检测的准确性，降低报警误报率。在林火检测算法的研发方面，要注意两个问题：一是算法的准确性，二是算法的实时性。算法的准确性决定了森林火灾能否被检测出，以便及时采取扑救措施，减少灾害损失；算法的实时性则反映了森林火灾监测能否及时响应，决定了“互联网+”森林火灾监测的实用性。

3.3.4.3 对接公共服务平台

在以往的森林火灾监测应用的建设和实践中，搭建的森林火灾监测系统往往是一个独立建设的系统，其目标是专门服务于管辖林区的林火监测、识别等应用，而未与整个林业信息化系统对接或完全对接，导致了数据和资源无法共享等问题。在重点建设“互联网+”森林火灾监测系统时，需要考虑整个系统对接相关公共服务平台的问题，将系统对接纳入系统设计的考量因素。

3.3.4.4 算法可配置性

森林火灾检测算法是森林火灾监测系统的关键，需要不断更新及优化，以有效地满足实际应用的需求。已有系统在规划时，往往只针对特定森林区域设计单一的火灾检测算法，难以支持在系统层面的算法可配置性。以图像检测算法为例，森林火灾图像识别算法往往具有场景性，被监测森林区域的自然环境不同，算法的识别效果可能相差很大。这就需要能够根据不同的森林场景灵活地配置不同的算法。随着新算法模型的提出，系统使用的森林火灾图像识别算法也需要不断更新。然而，当前的森林火灾监测系统架构封闭，使得算法的更新十分困难，从而很大程度上增加了系统二次开发的成本。因此，在系统设计时，除了研发火灾检测算法，也要考虑算法可配置性的问题。

3.4 "互联网+"森林火灾监测建设内容

"互联网+"森林火灾监测建设主要目的是在原有的林业灾害应急管理体系中，针对森林火灾防治，运用以互联网技术为代表的高新技术，建立野外林区智能防火墙，并进一步构建高覆盖、高可靠、快响应、智能化的森林火灾监测体系。为了解决森林火灾监测应用中存在的问题，需充分结合森林火灾监测的真实场景，重点推进森林火灾监测数据采集端、森林火灾监测系统服务端和森林火灾监测系统应用端的建设。

3.4.1 数据采集端

"互联网+"森林火灾监测建设的目的是对监测森林区域的火灾发生情况实现智能化、实时化监测，火灾发生时能够第一时间报警，并通过GIS技术、可视化技术等为林火扑救、林火防治提供技术支持，从而能够在森林火灾早期完成扑救工作，降低森林火灾带来的损失。为了完成森林火灾监测任务，首要解决的问题是如何高效及时地进行森林火灾灾害数据采集。通常，野外林区具有面积大、自然环境复杂的特点，这给森林火灾灾害数据采集带来了不小的难度。经调研统计，森林火灾监测数据采集主要有以下几种方式：人工巡查、民用飞行器巡查、物联网传感节点（感温、感烟传感器）、卫星遥感、视频图像（监控摄像机、小型无人机）等（见表3-1）。

表3-1 森林火灾灾害数据采集技术及其评价

森林火灾数据采集技术	评价
人工巡查	成本低，但辨识能力有限，监测效率低
民用飞行器巡查	成本高，无法检测有覆盖物的火情点，实时性不足
物联网传感节点（感温、感烟传感器）	更适用于室内火灾，容易受地形限制，响应时间长，可靠性较弱，误报率高
卫星遥感	数据来源受限，实时性低，不适用于早期火灾或小面积火灾
视频图像（监控摄像机、小型无人机）	监测范围大，误报率低，实时性高，易于部署

结合森林火灾监测系统的实际应用场景和示范林区已有的基础设施建设情况，

以视频图像监控为主,构建森林火灾监测数据采集端。系统采集端构建工作主要包括以下几个方面:

(1)林区视频监控网构建

在示范林区原有视频监控设施的基础上,通过集成原有的用于视频监控的摄像机和新部署采购的网络摄像机,实现林区视频监控的高覆盖。在此基础上,同时进行其他林火监测数据采集设备的部署和对接,例如航拍无人机、小型无人机、物联网传感节点等,最终构建全方位、高覆盖、零死角的林火灾害数据采集体系。

(2)网络传输设备部署

为了保证采集设备的林火监测灾害数据能够快速可靠地传输到系统后端,必须确定数据采集设备的入网方式。常见的数据网络传输方式有Wi-Fi、4G网络和有线网络。Wi-Fi和4G网络属于无线传输方式,具有部署方便、灵活性强等特点,但是在以视频图像监控作为主要数据采集方式的体系中,容易出现传输不稳定、延时较大的问题。而使用有线光纤网络传输,可以确保数据传输的稳定性、可靠性和快速性,更适合于森林监测应用的场景。因此,在网络传输设备部署中,应采取有线网络为主干、其他网络传输并存的数据传输模式,建设高效实用的森林火灾监测数据传输体系。

我们通过"前期试点,后期推广"的方式,积极推进森林火灾监测数据采集端的搭建工作。以浙江省湖州市德清县下渚湖示范区为例,图3-1是项目组试点阶段在示范区实地部署时拍摄的部分照片。

图3-1 网络摄像机配置

3.4.2 系统服务端

森林火灾监测系统服务端建设主要包括火灾图像识别算法(用于对森林火灾的检测)研发、系统架构设计和研发以及外部平台对接等建设内容。

3.4.2.1 基于视频图像的森林火灾检测算法研发

森林火灾检测算法是实现森林火灾智能化、自动化监测的关键。森林早期火灾具有随机性、非结构性的特征,环境中的灰尘、气流以及人为干扰等因素都会对火灾检测产生影响并造成误报。基于视频图像的火灾检测技术通过摄像机获取森林区域的视频图像,借助计算机图像处理技术检测视频图像中的火灾发生情况,可以有效避免外界环境的干扰,具有成本低、设备易部署、监测范围大和检测率高等优点。森林火灾的检测对象包括火焰和烟雾,检测算法是基于它们的视觉特征和运动特征来进行自动化识别。一般来说,火焰呈现红色或橙色,烟雾呈现灰白色或黑色时视觉特征较为鲜明;同时,从运动角度分析,火焰燃烧具有一定的持续性,烟雾也有持续上升的运动趋势,因此可以从火灾发生时的视觉特征和运动特征入手,研发适用于森林火灾监测场景的火灾检测算法。

图3-3展示了项目建设中研发的森林火灾检测算法的流程。算法以采集到的视频图像作为输入数据,从视觉特征和运动特征角度分别自动识别火焰和烟雾。在视觉特征方面,火焰的识别通过RGB和HIS颜色阈值法实现,烟雾的识别通过训练深度卷积神经网络(DCNN)模型实现。在运动特征方面,通过图像差分法和运动累积法提取火灾发生时的图像运动特征;最后结合两种特征的识别结果确定火焰像素区域

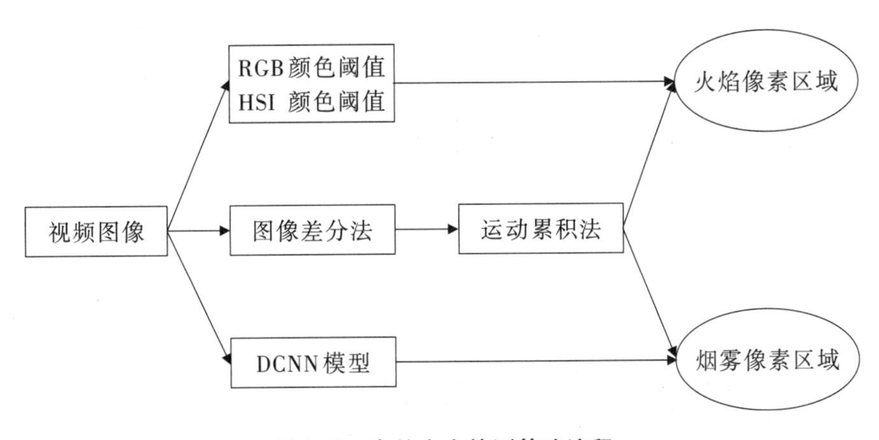

图3-2 森林火灾检测算法流程

和烟雾像素区域。

(1)火焰图像识别

基于文献提供的方法,通过实际森林场景的实验,选取适合场景的阈值,实现了基于RGB和HIS颜色阈值法的火焰识别。算法将每一帧视频图像满足以下规则的像素点标记为疑似火焰像素:

规则1	$R > R_T$
规则2	$R > G > B$
规则3	$S > (255 - R) \times S_T \div R_T$

(2)烟雾图像识别

为了实现烟雾的图像识别,项目组通过使用烟雾图像数据采集基于DCNN模型训练生成烟雾识别判别模型,用于识别视频图像中的烟雾像素块。图3-3描述了设计的DCNN模型的结构,主要包括:图像块输入层,图像块的尺寸为240×240×3像素;二维卷积层,滤波器大小和数目分别为5像素和20像素;线性整流单元层;最大池化层,池化参数为2像素;全连接层,输出类别参数与样本类别参数保持一致;最后为Softmax函数层和分类输出层。在烟雾图像识别过程中,算法首先将原视频图像划分为指定大小的图像块(默认为240×240像素),再使用训练出的DCNN判别模型判定该图像块是否为疑似烟雾像素区域。

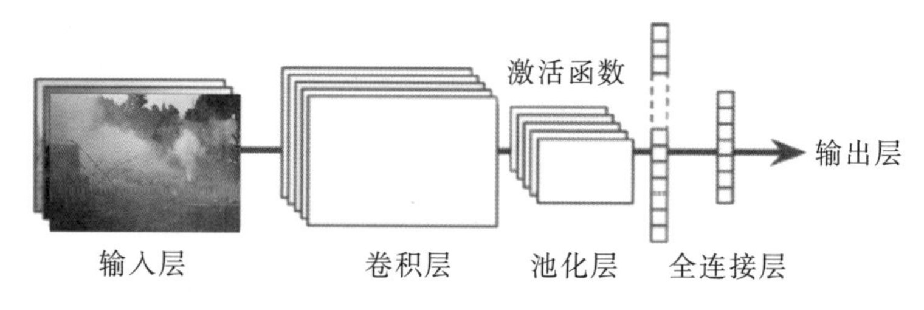

图3-3 烟雾识别的DCNN模型结构

(3)图像差分法

为了提取图像中的运动像素区域,以辅助对火灾发生的判定,项目组基于图像差分法对视频图像帧进行处理。对于视角固定的视频图像,使用背景差分法;而对于视角移动的视频图像,则使用帧间差分法。背景差分法的运算过程如图3-4所示。首先利用背景建模的算法，建立背景图像帧B，假设当前图像帧为F_n，背景图像帧与当前图像帧对应像素点的灰度值相减，即可得到差分图像D_n；通过设定阈值T进行二值化处理，即可得到差分二值化图像P_n；再进行连通性分析，最终得到提取出运动目标的图像R_n。帧间差分法与背景差分法类似，不需要对背景建模，只需对前后连续两帧做差分运算即可。

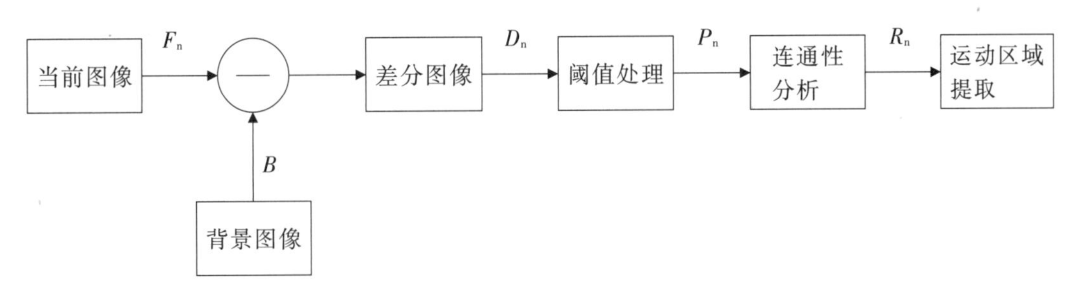

图3-4 背景差分法的运算过程

(4)运动图像累积

基于火灾发生时火焰和烟雾持续运动的特征，在图像差分法的基础上，使用运动图像累积法，进一步提高火灾检测的准确性。算法引入一个时间窗口长度参数w，以及累积阈值$q(q<w)$，时刻t的累积图像A_t可由以下公式获得：

$$A_t(x,y)=\sum_{k=t-w}^{t}R_k(x,y)$$

此时，当累积图像A_t中像素点的灰度值大于累积阈值q时，则认为该像素点是持续运动的。假设t时刻最后输出的图像为S_t，那么S_t可由以下公式求得：

$$S_t(x,y)=\begin{cases}1, & A_t(x,y)>q\\0, & A_t(x,y)\leqslant q\end{cases}$$

3.4.2.2 云计算中心建设

为了完成林业灾害大数据处理的任务，我们基于云计算架构搭建森林火灾监测系统后端，建设四层架构的云计算中心，以发挥云计算技术的优势，实现森林火灾监测的高效化和实时化。如图3-5所示，自顶向下分别为智慧应用层、PaaS层、IaaS层和接入层。智慧应用层与配套的客户端应用程序对接，以公共软件接口的形式为客户端应用提供与林火监测相关的系统应用组件服务，例如可视化分析技术接口、火灾识别算法接口、GIS信息系统接口和林火预警系统接口，从而帮助开发人员在客户端应用程序实现时有效使用云计算中心提供的功能模块。PaaS层为系统应用提供平台服务，最主要的功能是负责系统的资源管理和任务管理。智慧应用层的服务组件均建立在PaaS层的基础之上。例如，为了实现森林火灾实时检测，PaaS层的任务管理模块将在各个监测站和云计算中心之间调度火灾检测计算任务的执行。IaaS层为森林火灾监测系统提供丰富的硬件资源，将不同的硬件划分到存储资源池、计算资源池和网络资源池进行管理。IaaS层上对PaaS层的平台服务提供硬件资源支持，下对接入层的数据提供网络和存储服务。接入层为其他模块的数据提供网络接入服务，使林火监测数据和视频图像数据能快速准确地传输至云计算中心。

图3-5　云计算中心架构

3.4.2.3　公共服务平台接入

"互联网+"森林火灾监测应用是林业灾害应急管理体系的主要方面，是林业信息化平台建设的重要组成部分，而不是独立的场景应用。与公共服务平台的对接也是系统服务端建设的重要工作内容。我们积极推进新系统与林业信息化平台的对接，从而进一步实现数据存储、灾害统计、远程决策等功能，形成一体化的"互联网+"森林火灾监测体系建设。对接工作主要包括数据传输、软件接口对接等。

3.4.3 系统应用端

3.4.3.1 火灾智能化预警软件开发

在“互联网+”森林火灾监测应用端建设方面,面向用户的森林火灾智能化预警软件,联动了数据采集端、系统服务端,提供林区实时监控、火灾智能检测和火灾自动报警的功能。森林火灾智能化预警系统包括以下几个模块(见图3-6):视频传输模块、算法后端和用户界面。采集到的视频图像数据直接传输至森林监测站或云计算中心,随后通过软件后端调用算法进行火灾检测。算法后端提高视频帧缓存和森林火

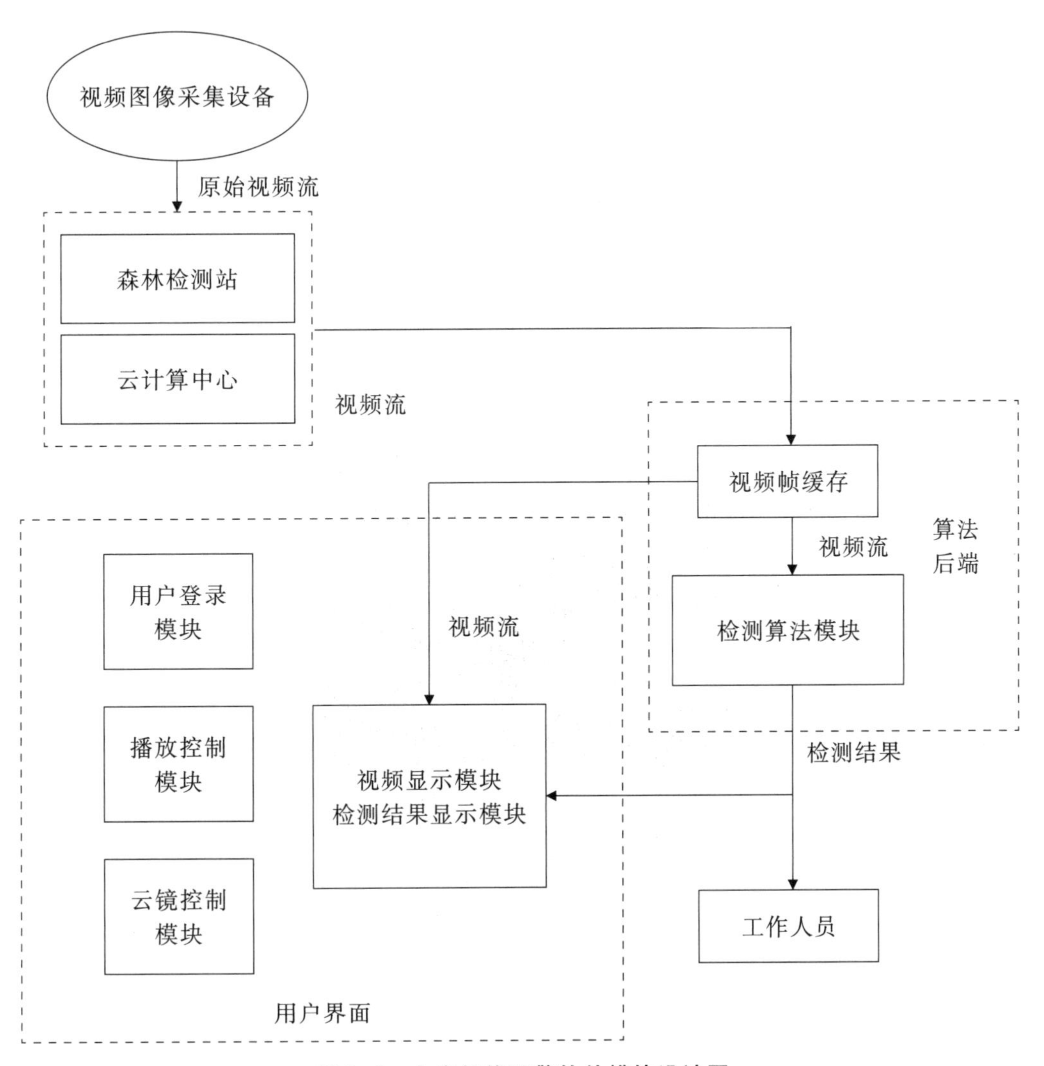

图3-6 火灾智能预警软件模块设计图

灾识别的功能。一旦检测出火灾,检测结果将会以特定的形式发送给工作人员,如界面对话框、短信提醒等。

3.4.3.2 林业智能化语音服务系统搭建

为了丰富和完善"互联网+"森林火灾监测体系,需要积极推进林区智能化语音服务系统的建设工作。森林区域通常具有面积广袤、自然环境复杂等特点。森林火灾发生时,突发性强、破坏性大、处置救助较为困难。建设林区智能化语音服务系统,既可以通过语音宣传的形式,对进入林区人员进行防火教育,又能与森林火灾监测系统联动,在森林火灾发生时,及时通过语音提醒林区作业人员或居民及时撤离。

浙江省湖州市德清县下渚湖示范区智能化语音服务系统试点建设项目,利用已有监控、照明等设施,完成相关设备的部署。新部署设备包括语音功放设备、4G路由器、红外传感器等。以图3-7所示为例,功放设备、4G路由器和红外传感器被部署于林区已有的监控设施上(包括摄像机、电箱、支撑杆)。一旦红外传感器检测到行人,将自动触发系统的防火宣传功能,语音功放设备将及时播放林区防火宣传语。此外,语音功放设备还通过4G路由器接入整个森林火灾监测系统,当系统检测出火灾时,将触发系统的林区报警功能,用语音功放设备实现第一时间报警。

图3-7 语音功放设备部署现场图

3.5 “互联网+”森林火灾监测应用介绍

3.5.1 基于边缘计算模式的森林火灾监测系统

3.5.1.1 系统简介

在调研已有“互联网+”森林火灾监测系统的基础上，结合实际林区系统建设的实践经验，浙江省林业局提出了一种基于边缘计算模式的森林火灾监测系统，不仅有效解决了森林火灾监测中存在的检测实时性不足、算法可配置性的问题，而且提高了丰富的森林火灾监测和火灾防治的应用功能。在德清县下渚湖部署了网络摄像机、网关设备和报警设备，用于视频图像的采集和传输，以及林区火灾报警。另外，通过与浙江省航空护林管理站开展合作，将飞机航拍图像作为图像数据源接入系统，用于火灾监测。

当前“互联网+”森林火灾监测系统，通常基于云计算架构，以图像型火灾检测技术作为最主要的智能化监测方式。在系统体系中，视频采集设备（如网络摄像机、无人机等）用于获取森林区域的视频图像；视频图像通过有线或无线网络传输至云计算中心，调用森林火灾识别算法，检测火灾是否发生；林业管理单位通过配套的客户端软件，实时获取森林火灾监测情况，及时采取应急措施，降低森林火灾造成的损失。但是，通过在林业示范区实践系统的部署与应用，我们发现当前基于云架构的森林火灾监测系统在火灾检测实时性和图像算法可配置性方面仍然存在不足。

为克服当前森林火灾监测系统的不足，需设计一种全新的基于边缘计算模式的森林火灾监测系统。在森林火灾防治体系中，森林监测站发挥着不可替代的作用。监测站通常配有边缘计算机或服务器，具有一定的计算资源。而在当前基于云架构的系统中，火灾检测的计算任务全部在云计算中心完成，未考虑使用森林监测站可用的计算资源。系统充分利用森林监测站具有的计算资源，使用边缘计算机或服务器完成全部或部分火灾检测的计算任务。在功能层面，系统引入算法重配置模块，开放统一的算法重配置接口，方便用户进行原算法的优化和新算法的迭代更新，解决已有系统在算法可配置性方面的问题。

3.5.1.2 系统优势与特点

系统主要包括四大体系模块：视频图像采集模块、边缘计算模块、云计算模块和管理服务模块。图3-8描述了系统的总体架构。视频图像采集模块负责获取森林监

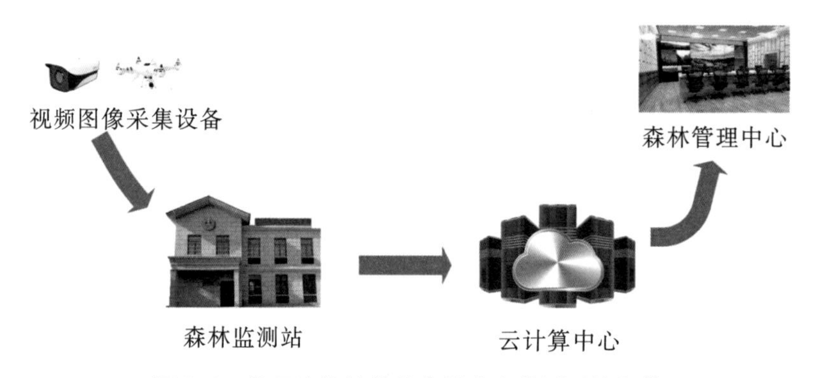

图3-8　基于边缘计算的森林火灾监测系统架构

测区域的视频图像，并通过有线或无线网络将采集的视频图像实时传输到边缘计算模块。边缘计算模块指森林监测站及监测站配备的边缘计算机或服务器，用于直接接收来自视频采集设备的视频图像，承担林区监控和全部或部分火灾检测的计算任务。云计算模块即云计算中心，是整个系统的大脑和枢纽，承担一部分林火检测计算任务和其他系统计算任务。管理服务模块则是为方便主管单位管辖林区、监测森林火灾和及时响应火灾而设计。

监测系统通过引入边缘计算模块，有效利用森林监测站的计算资源，在靠近森林的一侧完成全部或部分火灾检测的计算任务，避免将大量的视频图像传输到距离较远的云计算中心进行图像处理，既有效降低云计算中心工作负载，又显著提高森林火灾检测的实时性。如图3-9所示，边缘计算模块包括三个基本功能：

（1）森林区域监控

森林区域监控是森林监测站的基础功能。在森林监测站，除配有边缘计算机或服务器外，还配有显示屏用于输出监控视频图像。监测站工作人员通过观看显示屏，对森林区域进行实时监控。当系统检测出火灾并发出警报时，工作人员可通过及时查看显示屏，第一时间确认林火，预估林火规模，上报森林管理中心，并采取应急措施。

（2）视频图像存储

为了节省云计算中心的存储资源，视频图像数据基于分布式的模式存储。森林监测站配有专门的视频图像存储设备，如机械硬盘等。云计算中心或客户端程序需要查看、下载或使用历史监控视频数据时，边缘计算模块会将指定采集设备和时间段的历史监控视频数据上传到云计算中心做进一步处理。

（3）森林火灾检测

利用森林监测站的边缘计算机或服务器，在距离森林较近的一端执行火灾检测的图像处理任务。监测站的边缘计算机或服务器使用云计算中心提供的火灾识别算法，完成预处理、火焰识别和烟雾识别等全部或部分计算任务。边缘计算模块一旦检测出火灾发生，系统将第一时间在监测站、林区和森林管理中心进行多级报警。当监测站的边缘计算机或服务器工作负载较高，来不及执行某些检测计算任务时，视频图像将被发送到云计算中心进行处理。

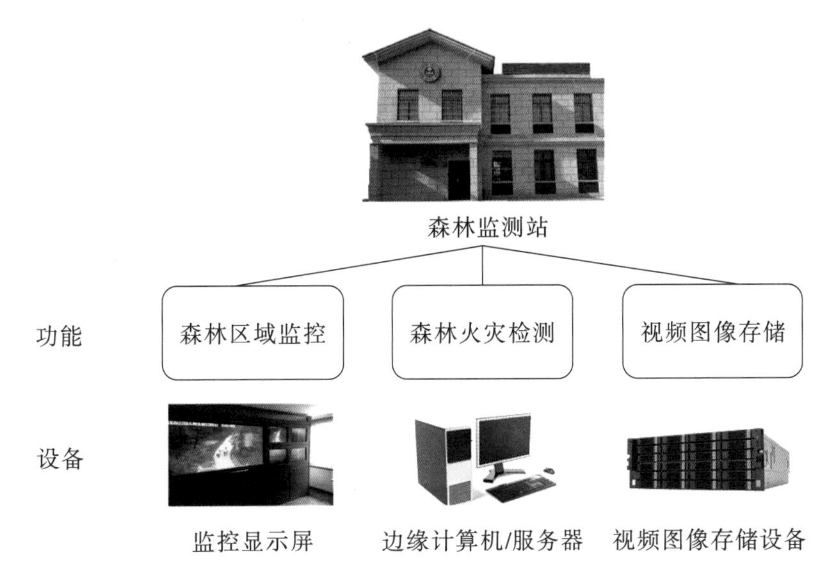

图3-9 边缘计算模块的功能和相关设备

3.5.1.3 主要功能模块

系统主要包含五大功能模块：视频图像服务、森林火灾监测、多级火灾报警、可视化分析和算法重配置。图3-10描述了系统的各个功能模块及具体功能。各大功能

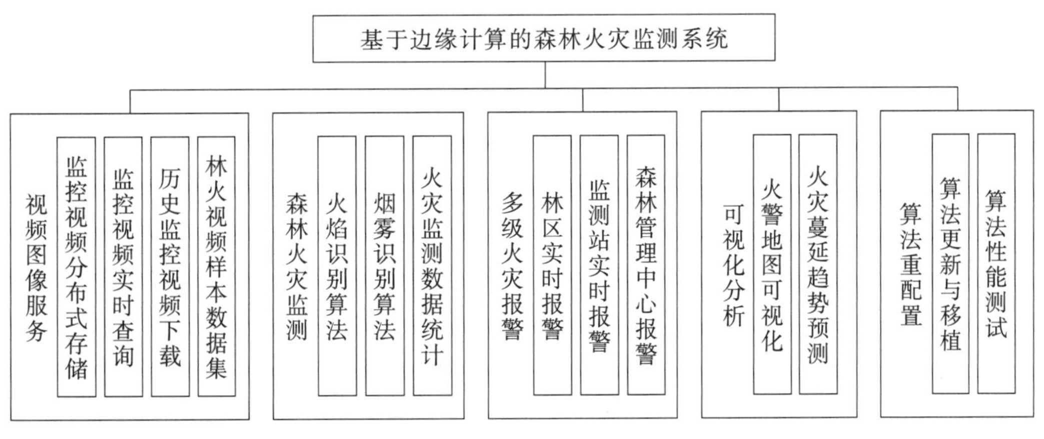

图3-10 系统功能模块设计

模块分别负责提供相应的系统功能，共同构成了完整的森林火灾监测应用服务体系。

(1)视频图像服务

视频图像服务模块主要提供监控视频分布式存储、监控视频实时查询、历史监控视频下载和林火视频样本数据集的功能。相关客户端程序提供监控视频实时查询和历史监控视频下载的功能，实现森林覆盖区域状况监测。当系统检测出林火发生时，工作人员可以立即查看到林火现场，预估灾情和采取应急措施。工作人员需要下载某台设备某个时段的历史监控视频时，可通过客户端程序向云计算中心发送下载请求，云计算中心将查询存储对应视频的监测站，调出目标历史监控视频。林火视频样本数据对于火灾识别算法的研发具有重要的作用。除了视频图像基本服务功能外，该模块还提供了林火视频样本数据集的特色功能。系统在云计算中心设有林火样本数据库，一旦检测出林火，对应的林火视频将被标注后存储到林火样本数据库中。

(2)森林火灾监测

森林火灾监测模块是系统的核心功能模块。该模块配置了系统使用的火灾识别算法，包括火焰识别算法、烟雾识别算法，并负责将具体的算法部署到森林监测站的边缘计算机或服务器上。森林监测站和云计算中心均会使用到该模块的森林火灾检测功能。同时，该模块还提供林火监测数据统计的功能。在边缘计算模块中，每个森林监测站负责附近森林区域的林火监测，并将监测结果汇报到云计算中心。云计算中心通过该模块的林火监测数据统计功能，获取管辖范围内所有森林区域的林火全局信息，帮助工作人员进行全局性的灾害分析和应急调度。

(3)多级火灾报警

多级火灾报警模块是与森林火灾监测模块联动的一个功能模块，提供火灾报警的功能。在系统设计中，该模块采用了多级报警的模式，包括林区实时报警、监测站实时报警和森林管理中心报警三个层次。当系统检测出火灾发生时，森林监测站将会立即收到报警信息，发出警报，通知站内工作人员第一时间确认林火，及时上报管理中心并采取应急措施。同时，报警信息将被及时传输到林区部署的报警设备上，例如音响、电子宣传栏等，从而通知位于林区的人员迅速撤离。森林管理中心也将收到火灾报警信息，以帮助中心工作人员进行灾情统计和分析，以及在出现大规模火灾时，采取科学合理的森林火灾扑救措施。

(4)可视化分析

在森林火灾监测领域中,GIS系统和可视化技术的应用有效提高了林火监测、防火指挥决策和火灾应急救援的效率。可视化分析模块提供了森林火灾的地图可视化功能。基于GIS与视频图像服务模块、森林火灾监测模块的联动,该模块使得林火监测数据能够在GIS系统上可视化显示,为灾情分析和应急措施采取提供依据。此外,该模块了还引入了多种林火蔓延趋势模型,可根据林火监测统计数据和地理信息数据预测林火蔓延趋势,并在地图上模拟出蔓延轨迹,帮助工作人员进一步分析林火和制订准确的扑救方案。

(5)算法重配置

森林火灾识别算法是森林火灾监测系统的关键技术,决定着系统能否及时发现森林火灾,以采取应急措施,尽可能减少森林火灾带来的损失。系统引入了算法重配置模块,提供了算法更新与移植的功能,通过统一的算法配置接口,实现便捷的原算法调整和新算法部署,而不用关心系统的实现细节。此外,算法重配置模块还提供了算法性能测试的功能,向开发者提供云端存储的林火视频样本数据集,以验证算法的效果。

3.5.2 浩海星空地火情预警监控指挥平台

3.5.2.1 系统简介

我国森林防火视频预警监控存在短期无法全面覆盖的问题,为完善森林火灾的无死角、全天候、实时监控,实现“预防为主、积极消灭”和“打早、打小、打了”的目标,保护并优化森林资源和生态环境,国家林草局森林防火办公室制订了《全国卫星林火监测工作管理办法》,并开始在重点区域部署森林防火卫星监控系统及灭火辅助决策系统的建设任务,建成“高空有卫星、中空有飞机、地面有视频和巡护人员”的立体林火预警防控体系。浙江省林业局在示范林区重点推进自主研发的浩海星空地火情预警监控指挥平台,其卫星预警有效弥补了高空监控布点的不完善,并在同一3D GOS平台下实现卫星预警、无人机控制及视频、高空巡航瞭望、地面护林员巡护和卡口云平视频监控。

3.5.2.2 系统优势与特点

建设“星空地三维一体”林火预警防控体系,不仅能有效补充上下信息的对称,更能相互协作,提高林火报警的及时性、有效性和准确性。浩海星空地火情预警监控指挥平台在研发时,与国家卫星中心合作,充分利用国家卫星中心现有卫星资源,借助国家气象局"风云3号""风云4号"卫星及"葵花8号""NPP卫星"回传的数据资源进行数据分析,将森林火灾监测体系进一步扩展到太空。目前系统采用多颗极轨和静止卫星,根据遥感火点监测原理对卫星遥感数据进行适时计算,使得系统在火点监测方面优势明显:

高空间分辨率:新一代静止气象卫星在各通道的分辨率上相比以前有明显提高,林木燃烧的火点最小可报警面积 < 0.01公顷。

高时间分辨率:静止气象卫星观测频次为10分钟,利用该高频观测,能连续获取火点信息,观测火点动态发展。

观测高时效性:观测频次为10分钟,卫星监测数据在数分钟内即从卫星上传输至地面接收站,后续经辐射校正、定位校正、投影转换及火点判识和信息获取,从卫星原始数据到火点信息获取,整个过程仅滞后15分钟,时效性较高。

高空间定位:在定位过程中除考虑传感器和卫星内在因素外,还综合考虑地球曲率、地形等因素,在低海拔区域,定位精度可到1个像元(0.5~2公里)。

高准确率:浩海星空地火情预警系统融入了浩海专利林火防虚警算法,火情的报准率达到95%以上,基本屏蔽了技术漏报。

三维一体的多维联动性:浩海星空地火情预警监控指挥平台的3D-GIS版不仅保留了应急处置预案、林业资源管理、火势蔓延分析、最佳路径规划、火源导航管理、监控网管理、水网管理、路网管理、卡口视频管理等核心功能,增加了无人机路径和视频管理、卫星热点报警分析,更将卫星热点报警、无人机巡航、高空摄像机反向控制、护林员位置管理三维一体实现联动控制,实现卫星热点实现无人机巡航查看、卫星热点自动通知附近护林员、高空摄像机反向查看卫星热点等功能。

高集成性:浩海星空地火情预警系统可以集成目前行业内主流无人机的控制系统、主流林火预警监控厂家的报警及视频、主流及三大运营商的护林员APP、主流监控厂家卡口视频及照片。

值班中心:设立值班办公室并安排三班人员值班分析数据。

简便的Web版界面:系统利用BS版客户端零设置的优势,让相关负责人随时可以利用手机、PAD、笔记本查看卫星报警信号,并通过Web版查看热点附近护林员位置及信息,查看周边高点监控视频,查看周边卡口视频及照片等,实现多维联动。以下为浩海星空地火情预警监控指挥平台部分界面图(如图3-11、3-12所示)。

图3-11 报警页面

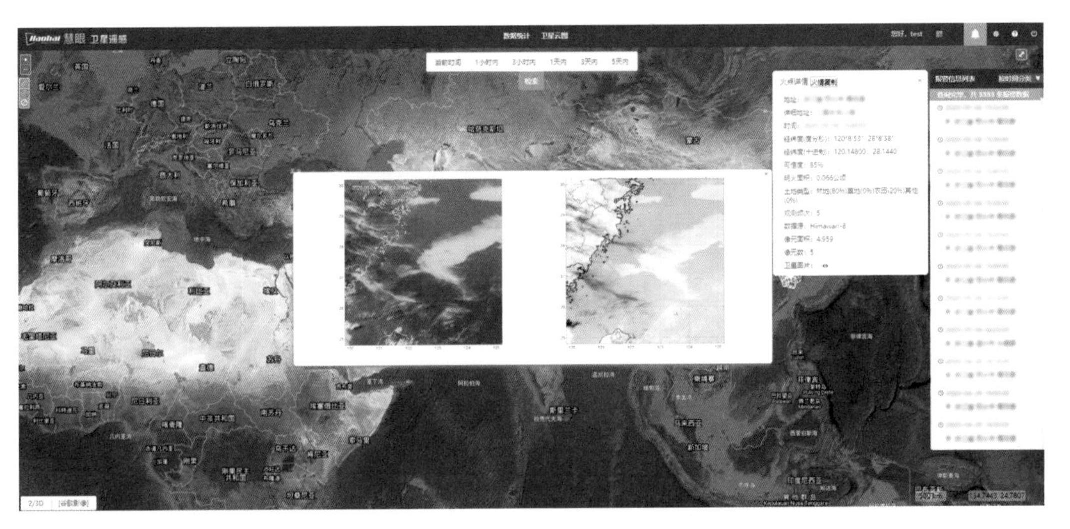

图3-12 卫星报警云图查看界面

3.5.2.3 主要功能模块

浩海星空地火情预警监控指挥平台主要包含以下六个功能模块。

(1)视频采集模块

视频采集模块是重点火险区视频监控系统的“眼睛”,通过对监控区域的视频采集完成系统判别信号的输入,最终通过系统完成对火情的判别。采集系统由可见光识别系统、红外识别系统、电子稳像模块、云台及护罩系统组成,完成视频信息采集任务,为后续处理系统提供清晰、稳定的视频图像资料,并且能够实现360度全覆盖,能够精确确定俯仰角、方位角等技术参数,能够实现多种速度的水平、俯仰动作。

(2)火情搜索模块

模块具备三种搜索模式:转台匀速转动搜索模式、转台步进搜索模式、重点区域覆盖高精度搜索模式。通过图像智能烟雾识别算法,对视频采集系统采集的可见光和红外图像进行分析,对火情进行报警,同步实时跟踪火情搜索;控制视频采集系统,拉近图像,对火情发生区域进行全覆盖扫描;能够实现红外与可见光的互补判别,并且具备稳像、去噪、增强等视频处理能力,以提升火情搜索的效率;支持判别阈值等参数的灵活设置,以适应不同环境、季节的需要。烟火识别引擎采用动态巡航扫描、静态识别二次机制的方式进行烟火识别报警。

(3)基础模块

满足前端设备安装、安防、供电及信号传输的配套设备,组成包括基础铁塔及防雷接地子系统、网络传输子系统、供电子系统及基站安防子系统。各个子系统根据项目地点的实际情况,进行独立设计。

(4)智能防火预警平台子模块

系统人机交互的主要窗口,提供视频接入、控制转发、点播回放、报警输出、管理控制、角色权限等一系列功能,符合国家行业规范相关规定及要求。

(5)视频显示控制子模块

包括大屏幕显示系统、视频控制系统、日常监控图像存储、事件追溯查询和火情事件的标识永久存储等。

(6)周边配套模块

指挥中心相关配套模块,包括音响扩音系统、视频调度系统、机房配套等。

3.6 浙江省"互联网+"森林火灾监测的实践

3.6.1 建设背景

浙江省是我国南方集体林区的主要林区之一,同时,也是我国森林火灾的高发地区之一。据统计,1968—2010年间,浙江省一共发生森林火灾2.68万余次,平均每年发生600多次,受害森林面积15.97万公顷,损失林木蓄积量达183.07万立方米,森林防火形势尤为严峻。

2014年10月31日,浙江省国家农村信息化示范省方案顺利通过三部委(科技部、中组部、中央网信办)评审,浙江省通过加大防火投入,加强了森林火灾检测、扑救、预防保障三大体系建设,改善了重点林区森林防火装备和基础设施建设水平,提高了森林火灾综合防控能力。

3.6.2 总体目标

通过本案例的实践,建立覆盖森林防火智能管控系统,运用现代科技手段建设森林防火视频监控、智能预警、辅助决策及应急指挥系统,实现防火工作的科学化、标准化、信息化和专业化,从而有效提高综合防控能力。综合运用3S技术、计算机网络和现代通信等高新技术和手段,实现集声音、图像、报警、定位信息的全天候、全方位、网络化的远程高清晰度的实时管控系统。同时,森林防火智能管控预警系统建成后,将有效减轻山林区工作人员的工作强度,进一步提高护林工作效率,推动森林管护工作由单一依靠人防向人防和技防结合、以技防为主的改革,进一步提高森林管护成效,保证天然林业资源安全。

3.6.3 需求分析

我国在森林保护方面目前最重要的任务就是森林防火工作。多年以来,我国层层落实防火责任,加强防火宣传、火源管理、值班和报告制度,加快队伍建设,加大案件查处力度,使全民防火意识普遍得到提高,防火组织体系逐步趋于完善,基础设施建设得到加强,森林火灾预防和扑救综合能力得到提高。但总体而言,我国森林防火工作仍处于较低水平,火灾发生频率仍保持一定状态。森林火灾的发生主要受以下几种因素的影响。

人类行为:随着人们生活水平的不断提高和国家对旅游业的大力发展,现阶段,森林已经成为人们出门旅游的首选。但是人们对于森林火灾的认识不充分,进行森林游览时必然会携带一些食物,在当地进行野餐。而餐后,很多人不会将自己产生的垃圾收走,其中一些塑料袋、塑料瓶等会留在森林里,间接造成火灾。还有一部分吸烟爱好者将未完全熄灭的烟头随意丢弃在森林里,直接造成了火灾的发生。

气候条件:随着全球性气候的改变,极端恶劣的天气逐渐增多,造成森林资源大面积受灾,部分林地林木损失惨重,林内可燃物迅速增厚,使森林火险等级居高不下。

火源:从区域分布上看,火源比较集中在城镇周围、公路沿线、田边等地段。从时间上可分季节性火源和常年性火源。季节性火源主要是生产用火、野炊、上坟烧纸、烧香、放鞭炮、点蜡烛等，这类火源相对集中在春秋防火期内；常年性火源主要指常年在林区用火的火源，如依山而居的山区群众的生活用火、风景旅游区的餐饮业用火、林区机动车辆携带的火种、电线老化等。

3.6.4 系统架构

3.6.4.1 整体架构

系统整体架构分数据、管理、服务和应用四个层次，以及相关的政策法规、管理制度、技术标准规范和信息安全保障，如图3-13所示。

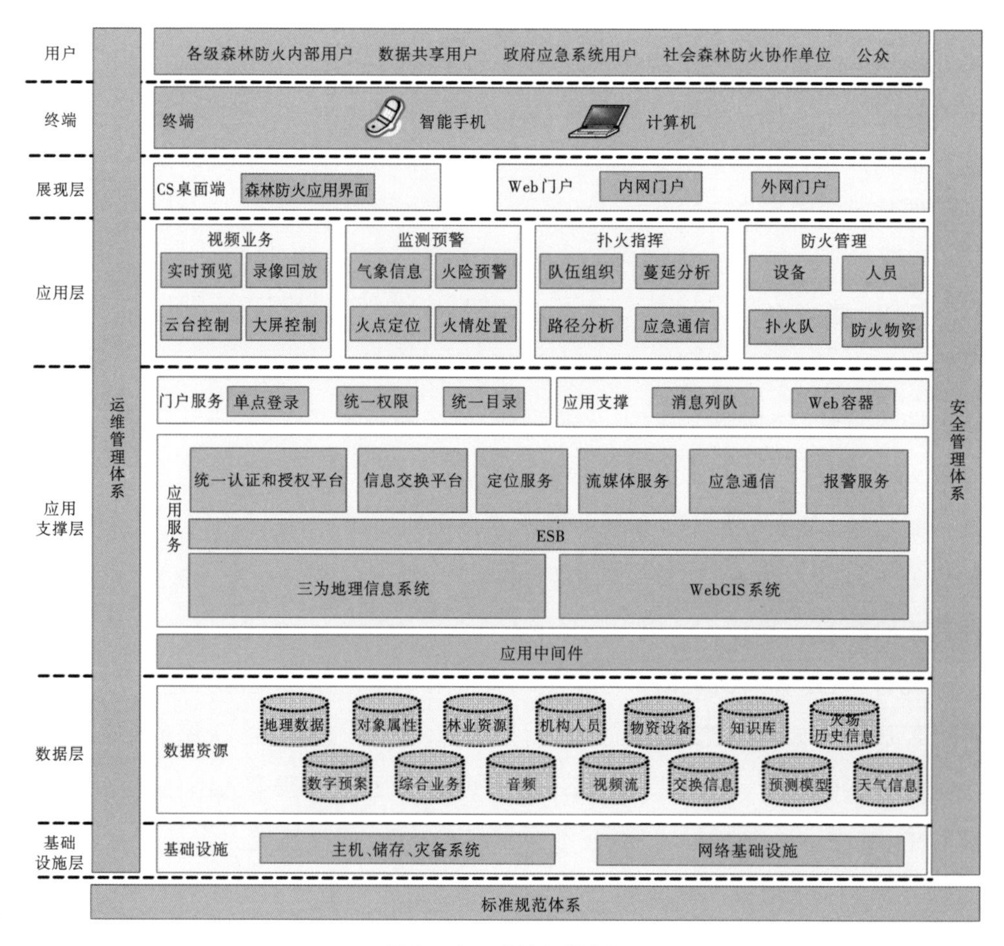

图3-13 系统架构图

3.6.4.2 功能架构

为建设一个简洁有效的森林火灾监测系统，从功能效用上来看，整个系统可以分为管理平台、桌面应用和移动应用三个主要模块。具体地，管理平台包含系统配置管理和林火监控两个子模块，桌面应用为用户和管理员提供了实时火情和无人机巡逻轨迹监控的交互界面，移动应用为移动端设备提供系统得到的监测信息，如图3-14所示。

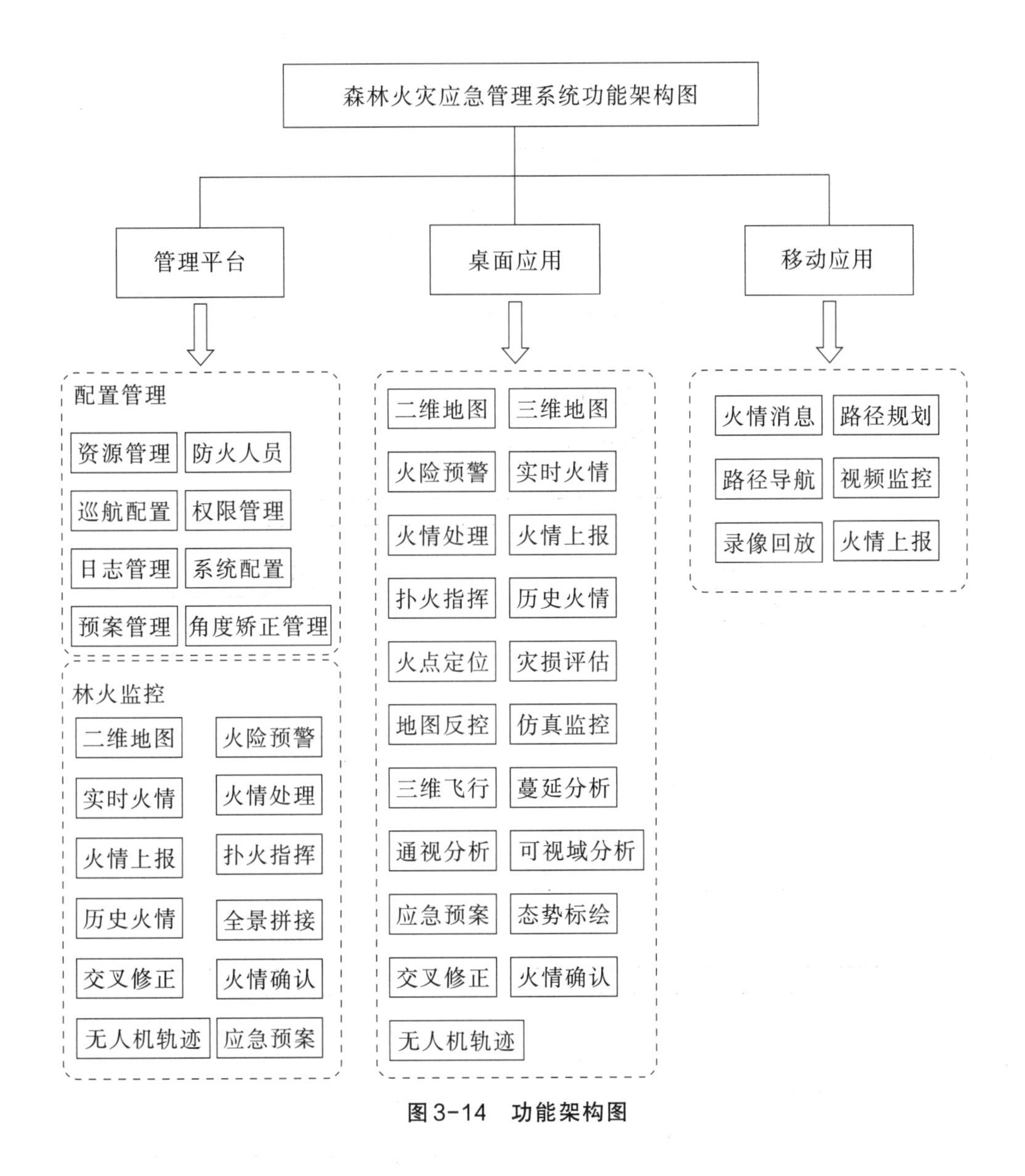

图3-14 功能架构图

3.6.4.3 系统级联架构

系统支持级联。单系统管理1万路监控点，级联后，管理规模可达10万路，显著提升了整个联网系统的规模。系统级联基于联网网关实现，支持信令、视频流、告警事件的级联。联网网关遵循GB/T 28181—2011标准协议及其补充规定(支持补充规定中的TCP协议,可以大大提高级联规模和处理速度)。系统级联主要功能有组织推送、资源推送、视频预览、录像回放和下载、云台控制、告警事件收发。级联网关支持用户权限控制,支持可视化查看系统联网状态和点位统计信息。最多可支持五级系统级联,典型部署为省、市、县三级级联,如图3-15所示。

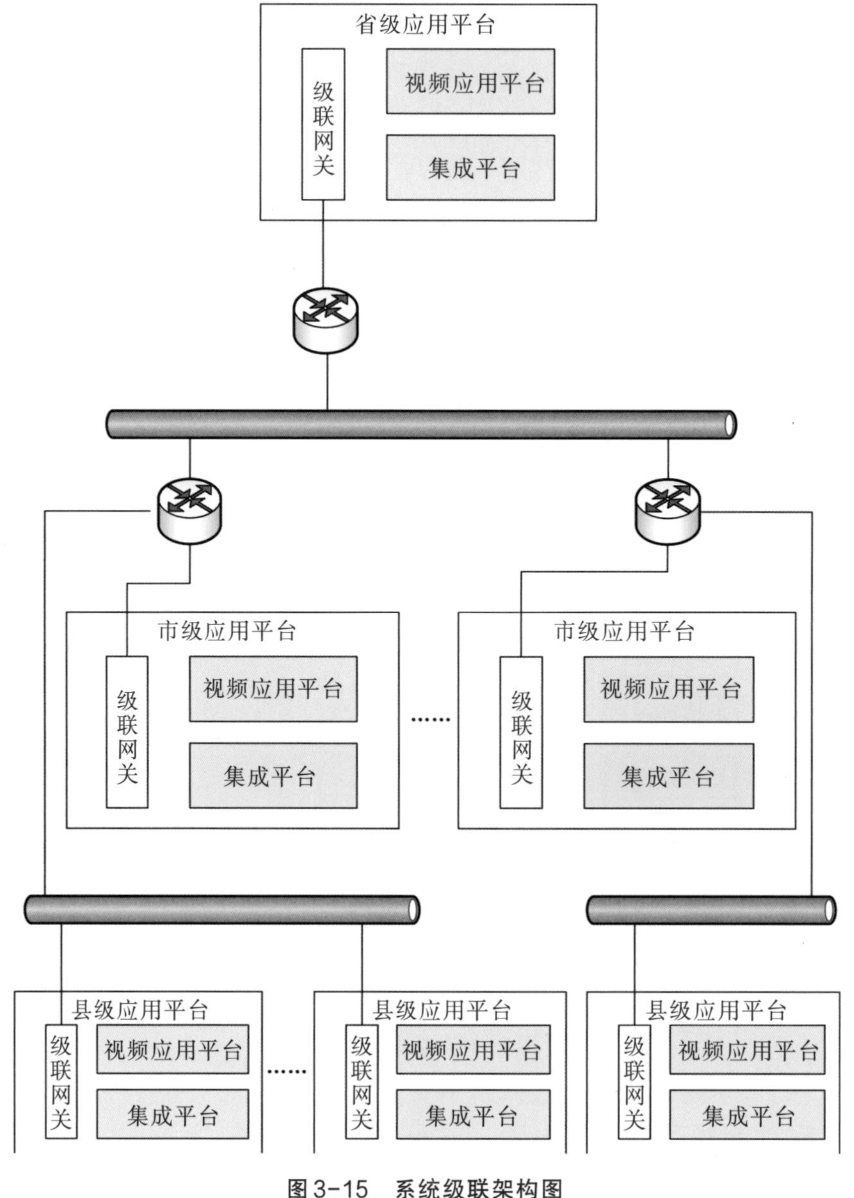

图3-15 系统级联架构图

3.6.4.4 系统拓扑

从拓扑结构来看，与传统因特网或蜂窝网络场景类型，整个系统包含核心部分和边缘部分。其中，边缘部分包括由摄像头、智能手机等信息采集的终端设备，以及基站和汇聚层交换机等入网设备。核心部分包括森林管理中心设备和用于信息汇总的核心交换机，如图3-16所示。

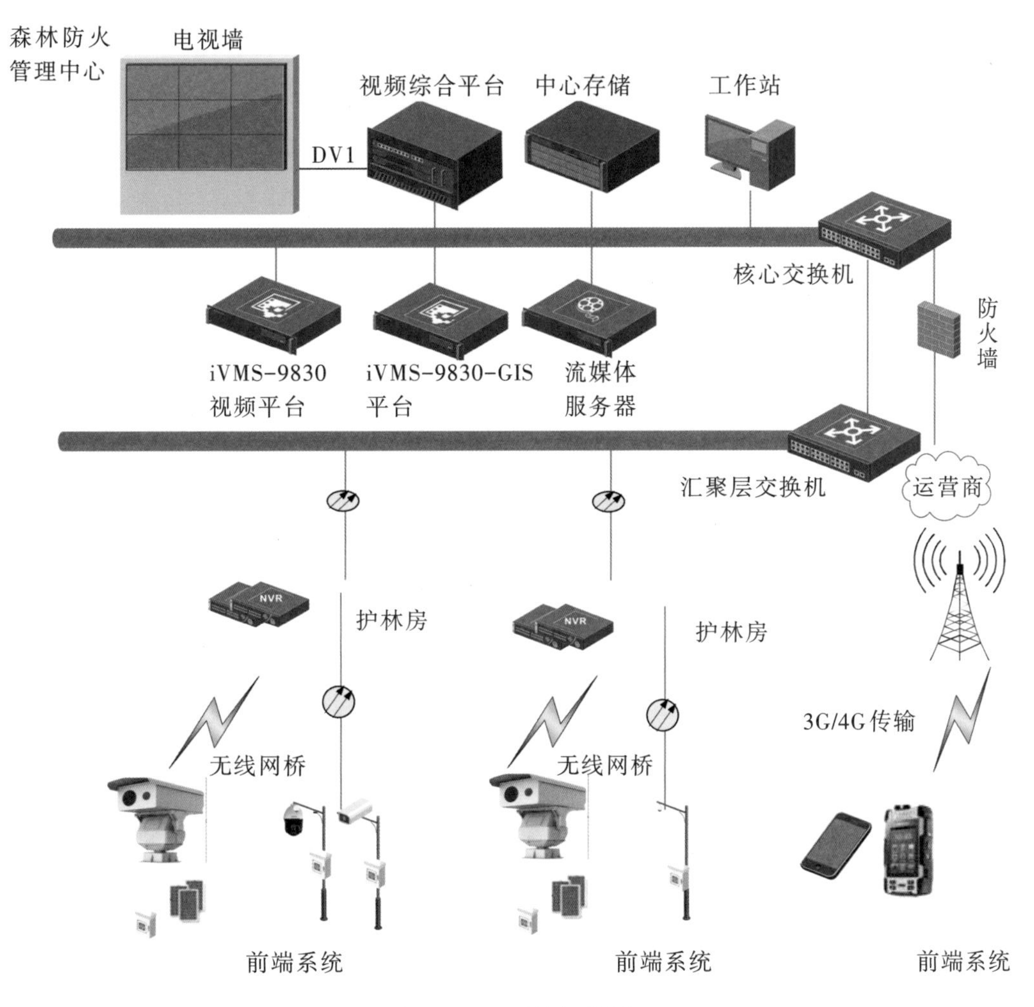

图3-16 系统拓扑图

3.6.4.5 系统组成

整个系统由前端系统、传输系统、指挥中心系统三大部分组成。前端系统根据森林的实际情况分别部署双光谱重型云台红外热成像一体化摄像机、高清网络摄像机、手持移动终端、扩音系统、供电系统和无线传输系统。后端部署中心有林火预警监控系统、GIS应急指挥系统、显示大屏、中心存储等设备。

3.6.4.6 系统结构

森林火灾应急管理系统包含控制部分、解码及显示部分、存储部分和系统承载服务器。

森林火灾应急管理系统由中心管理服务器、扑火应急指挥管理服务器、中间数据库服务器、管理客户端、存储、视频综合系统和电视墙等组成。指挥中心是整个视频监控系统的核心,实现视频图像资源的汇聚,并对视频图像资源进行统一管理和调度。视频综合系统完成视频解码上墙和图像的拼接控制,同时其在硬件层面支撑管理系统,并通过网络键盘进行视频切换和控制,通过高清大屏对高清视频进行精彩展现。

3.6.5 建设内容

森林火灾应急管理系统旨在建立一套科学、有效的高科技智能管控系统,利用热成像智能识别前端视频、综合分析系统等科学技术,依托林区移动巡查、视频监控、无人机等手段,以实现对林区的保护和可持续发展。

3.6.5.1 基本概要

"互联网+"森林火灾监测系统是围绕火情的早期预警预报及应急指挥管理,融合先进的视频监控报警手段,配合视频分析、气象采集、智能管控、GIS地图及决策指挥等模块,所构建的智能化防火体系。系统以基础空间数据库、林业专题数据库和防护数据库为支撑,通过开发森林防火视频监控预警决策系统实现三维场景下的灾前、灾中、灾后全过程、全方位、一体化动态管控和预警决策支撑系统,为森林火险监测、预警、预报、扑救、灾后评估等决策提供技术支撑和科学依据,为各级领导决策指挥、日常管理提供有力保障。前端设备采用目前国际先进的远距离透雾摄像系统配合远红外热成像系统实现远距离昼夜监控,系统成像技术性能稳定,不受天气环境因素影响。采用物体温度差值分析探测、燃烧临界温度值自动预警模式,应用具有独立运算功能的内置DSP计算系统,红外温度自动感应测温模块,利用物体自身发出的温度与环境温度的差值进行自动分析计算、自动报警;不仅对燃烧的明火具有精准的判断,同时对冒烟状态的暗火、高温状态的自燃物同样可以检测、识别、预警;预警识别率高达98%以上;能对林区进行全天候的远程监控、监测。结合移动单兵设备,实现工人瞭望巡更。系统实现了林区管理数字化、科学化,减少了林业部门的费用支出和管理成本,大大增加林区安全。

3.6.5.2 系统功能模块设计

系统通过前端双光谱重型云台红外热成像摄像机对基站附近数公里范围林区进行视频监控图像采集，实现360度全方位监控，通过热成像重型云台的测距功能方位角和俯仰角以及长焦镜头焦距实现火点的精确自动定位和智能识别，一旦发现疑情，后端监控(指挥)中心将会马上发出报警信号并定位着火点在GIS地图上显示，同时可对火场进行火情分析、火势蔓延分析、应急调度指挥、灾损评估等。由于森林火灾具有人为性、多样性的特点，无人机系统利用自身的快速部署、操纵方便、功能多样化等优势，在林区上空快速进行检测和实时巡查，可对人、车无法到达的地区进行林火侦测，并能克服复杂天气和复杂起降场地等困难，随时执行林火侦察和火场探测任务，实现对重点区域的防范，及时扑灭明火，消灭暗火。

本系统基于使用Qt框架和C++编程语言设计，支持Windows等各种操作系统，对硬件兼容性好，能够直接运行在CPU上，所以不需要拥有强大算力的GPU。本系统的运行效果如图3-17所示。

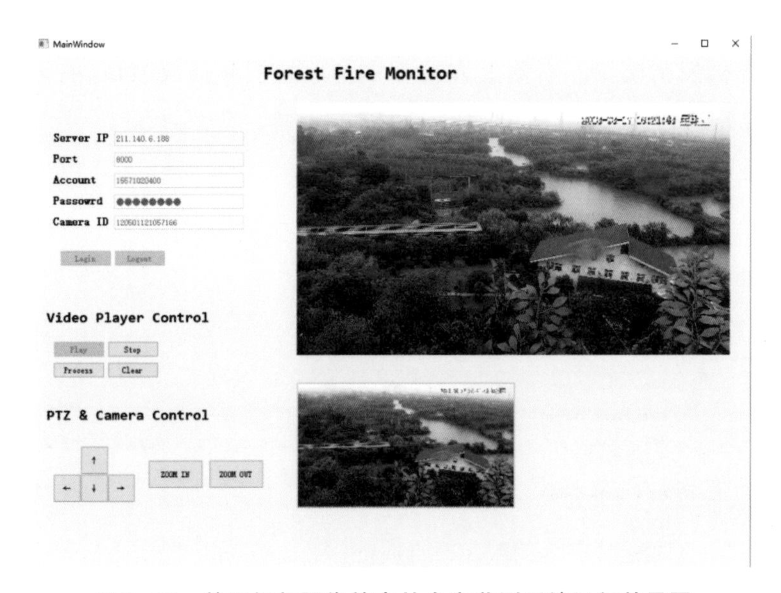

图3-17 基于视频图像的森林火灾监测系统运行效果图

系统主要工作流程如图3-18所示。首先登录视频服务器，指定摄像机ID，获取监控视频图像。随后，通过基本火灾识别模块，初步提取疑似火灾区域。最后，通过火焰区域分析和火焰光流能量分析，最终确定识别结果。

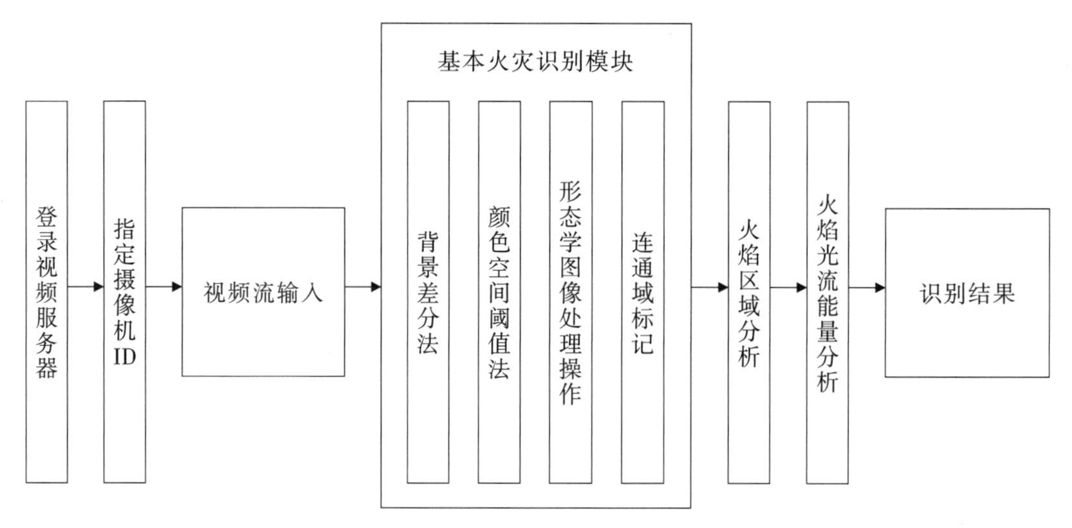

图3-18 基于视频图像的森林火灾监测系统工作流程图

运行应用软件Forest Fire Monitor.exe即可启动系统界面(如图3-19所示)。其中左侧输入框部分为登录模块,用于登录视频服务器并指定获取视频图像的摄像机ID;左侧“Video Player Control”为视频播放控制模块;左侧“PTZ & Camera Control”为云台和摄像机控制模块。右侧上方的方框为原始视频播放窗口,右侧下方的方框为火灾检测显示窗口。底部“Exit”按键用于退出程序。

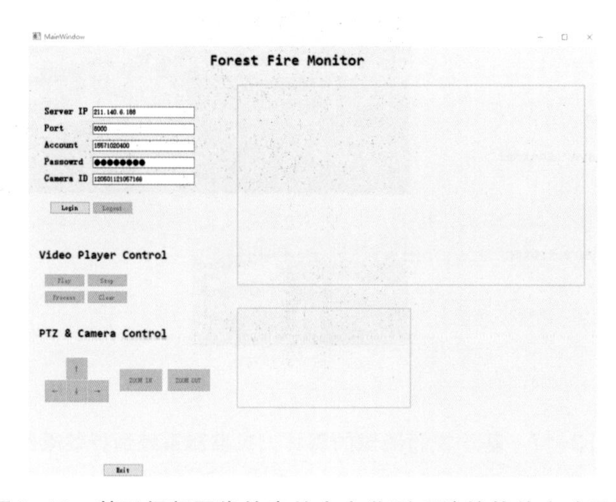

图3-19 基于视频图像的森林火灾监测系统的软件启动界面

在登录模块中,输入视频服务器的IP、访问端口、账号、密码和访问的摄像机ID,即可登录服务器,获取指定摄像机的监控视频图像,如图3-20所示。相关的服务器IP、端口、账号、密码等由网络运营商提供。

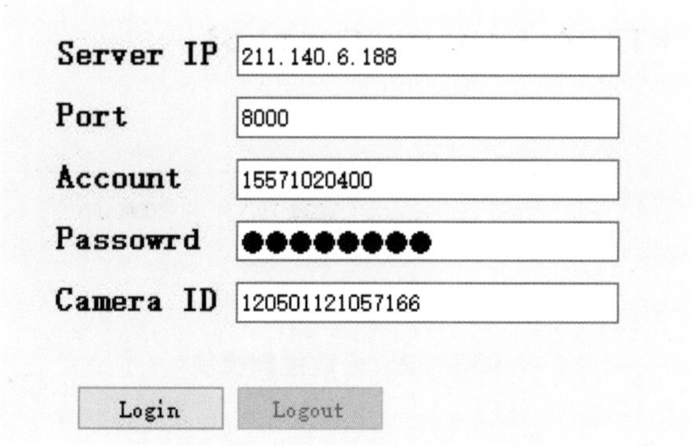

Server IP 211.140.6.188
Port 8000
Account 15571020400
Passowrd ●●●●●●●●
Camera ID 120501121057166
Login Logout

图3-20 系统登录模块界面

成功登录后,将会有对话框提示,之后便可以使用视频播放控制模块和云镜控制模块的功能。通过点击“Play”按键,即可在右侧界面上方播放指定摄像机的实时监控视频,如图3-21所示。此外,“Stop”按键用于暂停实时监控视频的播放,“Process”按键用于对原始视频图像启用火灾识别算法,识别结果将在界面右侧下方显示。“Clear”按键用于清屏。

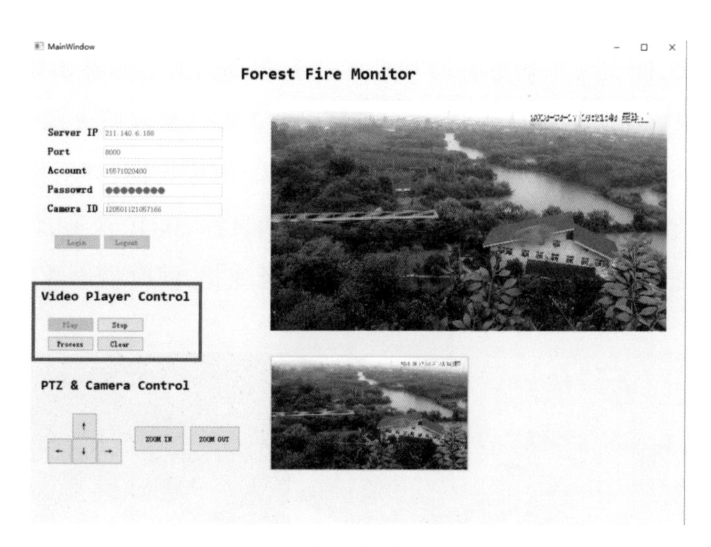

图3-21 视频播放控制模块

在实时播放指定摄像机的监控视频时,云镜控制模块用于调整云台的转动和摄像机镜头焦距的变化。云镜控制模块如图3-22所示。其中,上下左右按键用于控制云台的上下左右转动,“ZOOM IN”和“ZOOM OUT”按键用于控制镜头的拉近和拉远。

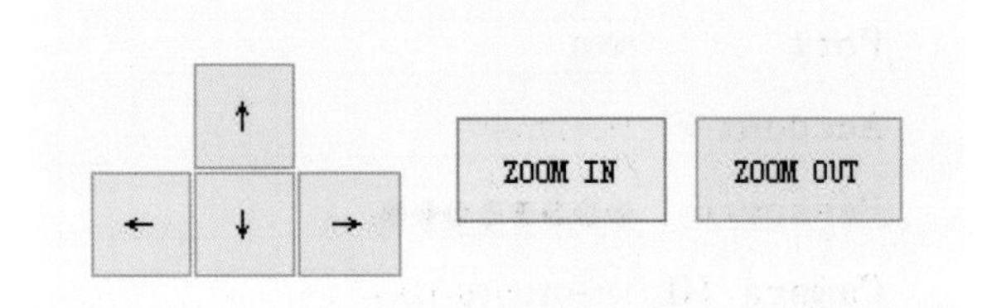

图3-22　云镜控制模块

3.6.6　系统特色

总体上,"互联网+"森林火灾监测系统具有以下几个显著的特点:

3.6.6.1　火情自动报警

系统利用红外热成像设备实时探测目标环境的温度,通过嵌入式DSP温度分析火点探测自动报警模块自动探测环境热源,自动报警装置跟随云台扫描过程检测视场内着火点。当检测出有超出设定的热点阈值时发出报警信号,同时调用云台进入火点定位扫描模式对可疑火点进行重新判断,确认为着火点后立即发出报警信号,同时可以驱动内部开关量信号驱动周边其他设备。如图3-23所示。独特的森林火灾热成像分析算法,能去除车辆等转瞬即逝的热源和日间太阳照在山体没有植被的石层和土层上导致的高温干扰,最远能监测5公里处2米×2米木质火源。DSP集成的可见光烟火识别功能,可辅助红外分析软件观测山背/山沟火情,即对回传的实时视频应用数字图像处理技术进行分析,识别烟火最小烟目标10×10像素,保证系统的高火情识别率、低误报率;可实现火源的早期发现、蔓延变化,同时借助数字云台和GIS地

10公里可见光图像　　　　10公里热成像&自动报警图像

图3-23　热成像与可见光图像展示

理信息系统实现着火点的准确定位，为森林火灾的扑救决策指挥，做到森林防火扑救的"打早、打小、打了"工作提供了重要的参考依据。

3.6.6.2 火险自动预警

森林火险监测站是为了应对易发生森林火灾而进行预警测报的一套高精度数字气象站。森林火险监测站通过显示、记录和气象数据传输等进行火险预报。森林火险监测站配有一整套高性能的传感器来监视风速、风向、降水、空气温度及相对湿度，还可测量土壤体积含水量、土壤温度、太阳辐射以及其他很多与森林防火相关的气象参数。根据气象台提供的气象信息，结合GIS地理信息系统中的森林资源地理信息，森林火险监测站可利用火险预测模型，评估各地的森林火险等级，计算出火险等级最高的地区，并给予关注。指挥中心通过接入森林火险预报检测数据实现应急指挥处理，对不同等级的防火预警执行不同的防火指挥应急处理。

3.6.6.3 火情指挥处理

指挥中心通过红外热成像仪接收到火情报警后，可在指挥中心通过预案第一时间显示当前火情片区工作人员联系方式，地图显示附近水源、扑火队、瞭望塔、避险区等信息，根据火场情况、气象信息、火点周围人力资源分布情况调度人员队伍。对火场派出人员进行指挥调度，并在指挥系统的电子地图上详细记录，还要记录所乘森林防火工具。

3.6.6.4 火点自动定位

监控系统发现火点或热点自动报警后，利用回传的数字云台俯仰角、方位角及站点的地理位置信息(经纬度)，计算出火点的具体位置。当前端红外热成像摄像机发现火点时，在GIS中标记出火点的相应位置，并用闪烁的方式给予提示。

3.6.6.5 无人机火点侦测

无人机系统根据航路规划或地面指令，控制无人机按照预设的航路飞行，同时搭载红外热成像摄像机，利用红外热成像设备实时探测林区目标环境的温度，通过嵌入式DSP温度分析火点探测自动报警模块自动探测环境热源，自动报警装置跟随云台扫描过程检测视场内着火点。当检测出有超出设定的热点阈值时发出报警信号，同时调用云台进入火电定位扫描模式对可疑火点进行重新判断，确认为着火点后立即发出报警信号。

3.6.6.6 防盗窃防破坏

为使系统能长期稳定运行，降低外界的干扰，红外热成像仪周围部署了防破坏报警系统，如有警情发生，可在指挥中心以声音告警、弹出画面等形式引起监控人员的注意。同时在沿线部署200万高清日夜监控球型摄像机，通过录像、抓拍等形式实现防盗功能。

3.6.6.7 报警信息统计

系统支持报警统计功能，提供对系统报警数据的统计分析，分析的结果通过图表方式展示。支持报警统计报表时间粒度为年、月、周、日，统计对象为按报警事件、报警级别。系统支持报警信息统一展示，提供专用报警中心，集成展示实时报警、历史报警数据，包括报警相关的视频、录像、图片信息。

3.6.6.8 视频联动控制

当前端Smart IPC探测到入侵目标时，自动报警并控制进行联动车牌或人脸识别，也可通过值班人员手动打开和调节控制相应区域布防的视频摄像头，完成对入侵目标的识别、判断和跟踪。前端监控设备送回图像、方位角、俯仰角、热点判断信息，协同处理系统在GIS三维地图上定位，自动增加一个热点。针对林火监测监控，系统特别开发了和视频联动定位软件，实现沙盘画面和监控画面同步，发现热点准确获取坐标，通过沙盘反控摄像机镜头等。

※9. 视频质量诊断

视频质量诊断系统能够对前端设备的图像质量进行智能分析，并对视频图像的清晰度（图像模糊）、噪声干扰（雪花点、条纹、滚屏）、亮度异常（过量、过暗）、偏色、画面冻结、视频丢失、云台失控等常见摄像机故障进行检测。

※10. 透雾监控功能

林区可能存在多雾天气，结合安防监控领域的视频图像透雾的特殊要求，开发了一种实时视频透雾技术。该技术基于大气光学原理，区分图像不同区域景深与雾的浓度，进行滤波处理，获得准确、自然的透雾图像。

※11. 报警阈值梯度设置

针对森林防火应用过程中，红外图像的热值会随着传输距离的加大而衰减的情况，为了满足在0～5公里监控范围内对可疑的火点都进行准确探测的需求，系统在云台内部设置了8个梯度功能。这样火点探测服务器在监控过程中会根据云台的当前梯度，设置适宜的报警热点阈值，而且每个梯度之间的角度了自定义，这样就做到了针对任何地理环境，都可以确保火点自动报警的准确性（如图3-24所示）。

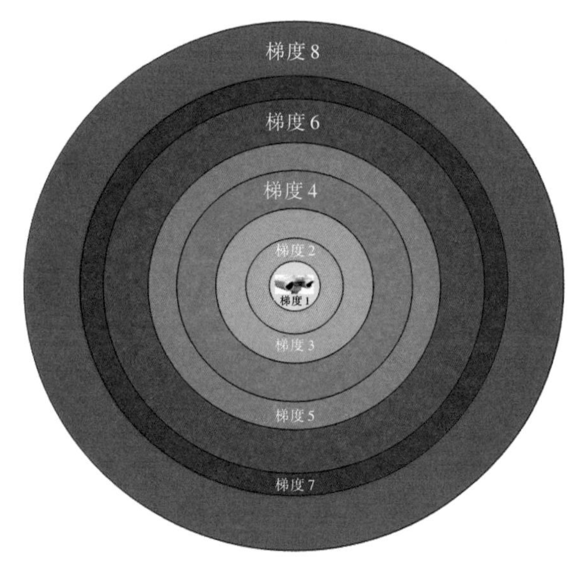

图3-24　报警阈值梯度示意图

第4章

“互联网+”林业灾害应急管理——林业有害生物防治

4.1 “互联网+”林业有害生物防治的建设背景

林业有害生物是指负面影响森林、林木和林木种子的生长发育并造成经济损失的病、虫、杂草、动物等有害生物。

林业有害生物具有双重属性：一是自然属性。林业有害生物通过直接咬食林木的茎、根、叶、花、果、种子，或者使用一定方式从林木的茎、根、叶、花、果、种子等器官和组织中吸取营养，致使林木不能正常生长，甚至死亡，对林木造成了一定的“危害”。这是自然世界的一个生态现象，遵循自然生态法则竞争生存。如果没有人为对自然生态系统进行干扰的话，林业有害生物虽然可能“危害”林木，但只是一种动态平衡。从整个森林生态系统角度而言，林业有害生物并无“有害无害”之分。二是社会属性。一方面指林业有害生物造成的危害是对与人类利益相关的林木造成的危害。另一方面指有害生物造成的危害对人类造成了利益损失，比如，病原物、害虫给水果造成了病斑、虫斑。尽管这对于果木的生长和繁殖来说影响不大，但对于人类来说却影响了水果的美观和销售量，故而是有害的。

林业有害生物有别于森林病虫害。林业有害生物是对林木或竹材造成危害的病害、虫害、草害和动物的统称；森林病虫害则是指对林木或竹材造成危害的病害和虫害的统称。2000年以前，我国林业部门一直用“森林病虫害”表述，2000年以后，国家林业局森防部门在相关会议上强调危害林业生产的还有草害和有害动物，引入了“林业有害生物”的概念。“林业有害生物”又常被称为“不冒烟的森林火灾”。目前两种表述都在应用。

我国地域辽阔，林业资源丰富，全国林业有害生物发生形势十分严峻，加之和国际、周边地区间贸易频繁，生物入侵现象常有发生，并呈现出加剧趋势。国家林业和草原局相关调查数据表明，自2007年以来，我国林业有害生物每年发生面积均在1.75亿亩以上，其比重占林业灾害总面积的50.69%，是森林火灾面积的数10倍，年均造成损失1101亿元左右。我国的林业有害生物现有种类6179种，广泛分布于森林、湿地、荒漠三大生态系统，同时，还有45种外来林业入侵有害种，年均发生面积约4200多万亩，年均造成的直接经济损失和生态服务价值损失高达700多亿元，是林业有害生物造成损失总数额的半数以上。每年我国出入境检验检疫机构进境检疫截获的有害生物超4000种、50万次。我国有害生物种类繁多，分布范围广，防治工作十分不易，现已成为全球林业有害生物发生、危害最严重的国家之一。

2019年12月17日，国家林业和草原局发布公告（2019年第20号）公布了全国林业有害生物普查情况。根据统计，本次普查共发现可对林木、种苗等林业植物及其产品造成危害的林业有害生物种类6179种，其中，昆虫类5030种，真菌类726种，细菌类21种，病毒类18种，线虫类6种，植原体类11种，鼠（兔）类52种，螨类76种，植物类239种。根据普查结果，发生面积超过100万亩。

我国林业有害生物发生呈现3个特点：一是发生面积基本上逐年递增。20世纪50年代发生100万公顷，90年代发生1100万公顷，年递增25%，造成经济损失50多亿元/年，病虫害发生率达8.2%，到了"十一五"期间，全国由于森林病虫害的发生危害，仅直接经济损失就达245亿元/年，生态服务价值损失达856亿元/年，经济损失总计高达1101亿元/年。二是林业有害生物发生种类多。目前，全国发生的林业有害生物种类8000多种，经常造成严重危害的200多种。中国是外来林业有害生物入侵并造成严重危害的国家之一。中国加入WTO后，外来有害生物入侵呈增加趋势，现在已对林业生产造成严重危害，据2016年不完全统计，入侵种类已达283种。重大危险性林业有害生物主要有1982年在南京中山陵首次发现的松材线虫病，1979年传入中国辽宁丹东的美国白蛾，20世纪70年代末从美国传入广东的松突圆蚧和湿地松粉蚧，80年代后期从美国传入山西的红脂大小蠹。除了上述几种危险性林业有害生物外，还有一些危害严重的林业有害生物，如在我国杨树栽植面积较大的情况下，杨树有害生物发生形势也异常严峻，杨树蛀干害虫主要为各种天牛，目前防治杨树天牛，主要是从树种配置上考虑，其他措施都不理想，仅1999年河南全省4亿株杨树，遭受危害的多达2亿株，近3000万株叶全部被吃光，杨树病虫害是我国所有林业有害生物中危害最大的森林病虫害，同时我国是杨树病虫害发生最重的国家。三是传播扩散迅速。

松材线虫病危害程度虽然得到了较好控制，发生面积、病死树数量实现了连续十年的“双下降”，但发生范围正向西向北扩展。特别是，在陕西省商洛市山阳县海拔1700—1800米，年均气温7.9℃的地方发现的新疫情，打破了学术界和管理部门对松材线虫病的一些常规认识，凸显了该疫情发生发展的复杂性。随着我国经济林产业和林下经济的快速发展，发生面积、造成损失将呈进一步增大之势。

林业有害生物发生的影响因素主要有自然原因、人为原因及其他原因。

自然原因。一是气候变暖。受到全球气候变暖因素影响，林业有害生物繁衍加快，诸如蝶类、蛾类等食叶类害虫在滞育期缩短的环境下，危害期逐年变长，越冬有害生物基数增加，从而导致林业有害生物入侵、扩散、成灾的面积和程度不断扩大和加剧。二是水资源短缺。当前，气候异常导致极端的自然灾害时有发生，再加上人为的因素，水资源匮乏存在逐年加重的发展态势。干旱少雨、年度降水量减少使得地下水位逐年下降，在气候不适、土壤水分失调等因素的共同影响下，蛀干害虫会直接危害衰弱濒死木和新枯死的树干。

人为原因。一是利益驱动。受经济利益驱动影响，以杨树、国槐、柏树、杉木为主的速生林的营造速度正不断加快，构建了品种单一、纯林面积扩大的林业格局，这势必造成了小蠹、天牛、吉丁虫等蛀干害虫，以及金龟甲、叶甲等食叶害虫的种群迅速繁衍，其大面积暴发的概率也急剧增大。二是技术低下。许多地区林业专职技术人员偏少、林业管理水平不够科学、地区差异性大、防治检疫工作基础薄弱等问题比较突出，以致形成林地密植、重营造轻管理的现象，林业管护效果差、先管后弃时有发生，大量病残树木、遗弃的林地和苗圃成为林业有害生物大量繁衍的栖息地。三是空间流动。随着经济的发展和贸易的扩大，国内外林业生产和经营活动交往频繁，苗木、木材、林产品、繁殖材料的运输，为有害生物的传播提供了有利条件，危害性随之增大。

其他原因。林业有害生物的遗传特性抗逆能力随着环境条件的变动，适应能力不断增强。即使是一些抗病虫的品种也并非一劳永逸，由于长期适应环境的结果，遗传特性逐渐变异或减退，还需要不断培育新的抗病虫品种。

目前，林业有害生物监测与预警仍面临不小的挑战。森防监测数据采集困难，且精度、频率都远远不够，不能及时发现有害生物的发生，容易造成森林虫害（如松墨天牛等虫害）的大面积扩散，从而造成很大的危害。

做好有害生物森防监测预警工作需要对森林中的有害生物受害情况进行现场勘查、数据采集和统计分析上报。森林的地理位置一般比较偏僻、路况艰难，给林业管理人员第一时间到现场采集数据及后续的工作带来难度。另外,林业管理人员有时需要在一些特殊时间段进行数据采集,如在凌晨4点采集病虫害数据等等,这些给林业管理人员的工作加大了难度。给有害生物防治工作带来影响的主要因素有:①林业有害生物数据采集地点偏远,工作难度较大。大部分的森防数据采集点地处偏远,交通不便,而工作人员又需要定期前往进行数据采集,同时工作条件简陋,使得总体工作效率低,采集数据困难。②林业有害生物数据采集的时间点特殊,采集效率低。森防数据的采集有时间方面的特殊要求。比如在虫害的数据采集方面,根据不同虫害的活动时间,需要在特定时间捕捉虫害数据,这给工作人员的工作时间安排带来极大的难处,整体工作效率低。③数据处理方式传统,采集和处理的衔接效率低下。原有的采集方式较传统,大部分使用人工采集数据的方式,比如虫情采集通过驱赶、捕捉、网兜等原始方式和工具进行采集,再通过人工鉴定分类和计数,获得最终数据,整体工作流程原始、效率低下。④对林业有害生物情况发生后知后觉。森防监测数据采集困难,且精度、频率都远远不够,容易造成森林虫害的扩散,造成大面积森林遭受危害,带来很大的经济损失。⑤缺少统一的统计分析处理平台。森防监测数据统一的处理和综合的分析对监测工作来说是非常有必要的,传统的统计分析方式缺乏统一处理分析的手段。⑥监测与查验体系仍不完善。林业病虫害监测网络存在较多“盲点”,灾害监测能力严重滞后,有效性监测体系严重缺乏。针对不同疫病虫害的国家参考体系仍不健全,诊断和监测预警能力亟待提升。⑦装备和管理手段亟待提升。检测质量与效率不高,基层及田间、林间监测设施设备陈旧老化,信息化、自动化和智能化水平不高,应急防控工作缺乏快速鉴定和区域化、集约化、快速化处置的装备。

4.2 “互联网+”林业有害生物防治国内外现状

林业有害生物防治作为传统林业行业管理中的重要工作内容,具有专业性强、公益性高、社会关注度偏低的特点,林业有害生物防治工作如何在“互联网+”行动战略中实现创新与突破,近年来一直是研究的热点,林业有害生物防治信息化的重点是如何通过云计算、物联网、移动互联网、大数据等新技术,提高林业有害生物监测防控的精准度和覆盖面,提供智能决策支持,提升公众服务的能力和水平,提高灾害应急管理能力。

国外学者从事互联网技术应用有害生物测报和防治工作相对来说比较早。近年来随着农业信息采集技术及理论的越来越成熟,农业病虫害监测和防治信息采集与信息管理的产品比较成熟,并且已经被商品化,比较著名的是由美国加利福尼亚大学开发的IPM综合虫害管理系统。但目前林业有害生物防治的系统更集中在信息管理与公共服务上,林业有害生物监测和预报的系统尚处于研究和应用的阶段,尚未铺开式、常态化应用和商业化。目前商业化和普遍的“互联网+”有害生物应用主要集中在虫情智能测报灯、病虫害视频(图像)识别监测等方面。Acoustic Emission Consulting公司和美国农业部合作开发了用于监测白蚁破坏性害虫、地底害虫、钻蛀害虫等虫害的智能识别仪器。

在有害生物视频(图像)监控上,近年来国内外科研工作者构建了各种类型的林业有害生物监控系统,利用计算机视觉技术和集成信息系统为病虫害监控和防治提供持续有效的信息支持,也是构建病虫害智能监控、诊断与防治一体化专家系统的关键环节。比如,基于物联网技术构建的病虫害监控系统;基于无线传感器网络技术构建的远程诊断与监控系统;针对大区域森林病虫害构建的视觉监控系统;面向茶园环境的病虫害智能监测系统;利用基于计算机视觉技术的LOSSV2算法,构建IPM系统对害虫进行检测和识别;等等。2015年,夏雪等研究构建基于云架构的苹果园病虫害视频监控系统,该系统能实时查看果树的整体生长状况,同时观测局部病虫害情况,特别是果树叶背的病虫害发生情况。借助云架构的空间便利性监控果园病虫害,不仅节省了果树植保人员的时间,也提供了更及时、更准确的监测数据和判别依据。

目前在我国,利用“互联网+”技术进行病虫害监测、预警、防治方面在农业、植物保护等领域比较多。由于林业环境复杂、林业有害生物种类多样,目前我国通过建立国家级森林病虫害测报中心,在省、市、县多级设置病虫害测报点,构建起林业病虫害监测体系,监测方法仍然主要采用防治员巡查的地面人工调查方式,对林业病虫害信息进行采集并逐级上报,将“互联网+”技术应用于林业有害生物方面尚未深入和普及。现阶段我国的林业有害生物监测与预警系统还比较落后,多数为信息管理系统,甚至有许多地区监测资料还是纸质资料,在分享和应用上存在诸多不便,各地的有害生物监测与统计资料标准也不一致,林业有害生物的监测数据未利用空间地理信息表达,许多地区建立的林业有害生物监测和预警平台存在数据感知体系不广、数据传输慢、数据实时性弱、数据诊断分析与预警功能缺失、系统信息孤岛等问题突出。

4.3 "互联网+"林业有害生物防治需解决的主要问题

林业有害生物防治应用,主要是从目标监测、数据获取、数据挖掘、分析决策、应急指挥等几个方面解决有害生物防治的主要问题,移动互联网、物联网、大数据等新型技术为解决有害生物的自动监测、智能调查、监测预报等提供了新思路。在推进"互联网+"林业有害生物防治应用示范建设上,可以从以下方面解决问题。

4.3.1 基于物联网技术的地面自动监测

如何有效提高监测覆盖率、提升监测数据质量、在野外开展连续监测是开展林业有害生物监测最大的难题,而物联网技术无疑为此提供了思路,通过射频识别(RFID)、传感器、全球定位系统、激光扫描仪等信息传感设备,将监控目标信息与互联网相连接,进行信息交换和通信,以实现智能化识别、定位、追踪、监控和管理。物联网对于信息的感知,主要通过两种方法:一是通过射频识别技术进行感知,并将信息传送到计算机信息管理系统;二是通过设立传感器节点将数据传送到网关,再通过Internet或者移动通信网络等与计算机监控中心进行通信。随着各类传感器技术的不断成熟,自动监测气象变化的气象自动监测仪,监测土壤水分、二氧化碳浓度的森林生态监测仪,具有自动拍照识别计数、实时数据传输等功能的智能虫情测报灯,远程视频监控设备及各类融合通信技术的不断推出,为林业有害生物野外自动监测,减少人为误差提供了可能。通过这些设备和数据传输网络,可以开展持续准确的林业有害生物监测,建立虫情动态监测数据库,为进一步分析昆虫诱捕量与有害生物灾害之间的关系,开展精准预报奠定基础。

4.3.2 基于移动互联网技术的人工调查

移动互联网(Mobile Internet,MI),是指互联网的技术、平台、商业模式和应用与移动通信技术结合并实践的活动的总称。移动互联网是一种通过智能移动终端,采用移动无线通信方式获取业务和服务的新兴业务,包含终端、软件和应用三个层面。终端层包括智能手机、平板电脑等;软件包括操作系统、中间件、数据库和安全软件等;应用层包括不同应用与服务。基于移动互联网的林业有害生物数据采集上报系统、自助诊断系统、在线交流与专家服务系统等在很多地区都开始推广应用，结合智能手机（或手持终端）的定位服务、地图服务、拍照功能以及其他传感器，可以实现以前传统人工调查所不具备的功能。移动APP将成为林业有害生物人工调查的主要工具之一，具有巨大的应用前景。

4.3.3 基于3S技术的生物灾害监测预报

在微观上，传统的林业有害生物监测调查是通过线路踏查结合样地调查将发生种类、面积和程度等相关信息以林业区划单位为单元记录下来，而GIS、GPS和RS技术的结合，将这一过程精准化、实时化、可溯化，形成了一套便捷高效准确的灾害调查系统。在宏观上，我国已建设完成国家—省（区、市）—地（市）—县（市）四级林业有害生物监测网络，同时在全国重点地区建立了1000个国家级中心测报点。这些林业有害生物监测机构调查数据在空间分布上具有一定的均匀性和连续性，同时在时间上具备延续性，结合 GIS 强大的空间分析功能，可以对林业有害生物发生扩散趋势进行宏观分析。

4.3.4 基于大数据技术的有害生物监测数据挖掘

大数据是继云计算、物联网之后IT产业又一次颠覆性的技术变革。通过在用的林业有害生物防治管理系统、各地自行建设的监测调查系统及一些科学研究，积累了大量的林业有害生物监测相关信息，包括林业有害生物发生防治数据、气象数据、森林资源数据、林业有害生物特征特性数据、标准地系统调查数据、各类遥感监测数据、各类自动监测记录设备、传感器采集的数据及图片、其他各种人工调查数据等。这些数据具有量大、碎片化严重、结构性不强等特点，但也蕴含着林业有害生物发生发展的各种先行指标信息。应用大数据技术进行分析处理，从而探索一条对林业有害生物进行预报分析的新途径。

4.3.5 基于大数据技术的决策与应急指挥

在基础数据库、模型库、预案库和辅助决策库基础上，结合物联网、GIS、GPS、遥感、移动互联网，实现林业有害生物防治辅助决策与应急指挥，具体包括现场灾情展现、远程诊断、灾情评估、防治辅助决策、应急物资人员保障、远程调度通信、防治过程管理、损失评估、信息发布等环节，通过“互联网+”技术和现实灾害管理体系的高度融合，实现林业生物灾害的应急指挥决策功能。

4.3.6 基于二维码技术的检疫智能追溯

二维条码/二维码是用某种特定的几何图形按一定规律在平面分布的黑白相间的图形中记录数据符号信息的图形，可通过图像输入设备或光电扫描设备自动识读以实现信息自动处理。它具有条码技术的一些共性，同时具有对不同行的信息的自动识别功能及处理图形旋转变化点等。二维码作为物联网的一个核心应用，适用于表单、追踪、证照、盘点、资料查验等方面。林业植物检疫结合二维码技术即可以实现对林业植物及其产品从生产、加工、运输到种植、使用全过程的跟踪管理，实现林业有害生物传播源头和责任的可追可溯。在具体操作上，植物检疫证书加印二维码，检疫检查站工作人员通过手机APP验明检疫证书真伪，核实调运对象信息并登记检查结果，出现违法案件时可追溯其源头。在调运的苗木及林产品粘贴二维码，公众即可随时查到产品的产地、加工、运输、是否检疫合格等信息，实现了林业检疫的全阶段、全实时智能追溯，监测林业有害生物传播的源头、流程和落地管理。

4.3.7 基于互联网的公共信息服务

互联网以其特有的互动性和广泛的普及性成为改进公共服务的最佳媒体，林业有害生物防治工作借助互联网可以推出一系列便民、利民的公共服务功能。如通过建立微信公众号和短信服务，可以向林农推送林业有害生物预警信息；通过发展网络森林医院，普通民众可以足不出户解决林业有害生物方面的困难；通过网络在线办理引种审批、调运检疫等事项，例如浙江省“最多跑一次”一网通办在线审批，减少相关企业和个人往返办事的次数，提高工作和服务效率；通过对林业植物及其产品流通情况的分析可以为涉林企业提供商机等等。随着“互联网+”行动的不断推进，林业有害生物防治的产品和应用越来越多面向社会公共服务。

4.4 “互联网+”林业有害生物防治建设内容

“互联网+”林业有害生物防治建设的重点是通过云计算、物联网、移动互联网、大数据等新技术，提高林业有害生物监测防控的精准度和覆盖面，提供智能决策支持，提高灾害应急管理能力。为了解决林业有害生物防治应用中存在的问题,围绕信息采集、传输、分析、发布等实际工作需求,重点推进采集与巡检、监控与识别、预警与防治系统等应用端的建设。

4.4.1 采集与巡检系统

4.4.1.1 “互联网+”林业有害生物信息采集与传输系统

(1)林业有害生物信息地面采集硬件系统

移动终端:操作系统、网络制式、导航、摄像头、视频等。

服务器端:操作系统、内存、数据库建立所需硬件。

(2)林业有害生物信息地面采集软件系统

监测点基本信息自动生成及语音播报。移动终端获取监测点基本信息,文本的自动生成及语音播报。

林业有害生物种类的发生和危害程度信息采集。在移动终端上,研究设计林业有害生物种类的发生和危害程度信息采集,包含叶部害虫、钻蛀性害虫、叶部病害、干部病害、鼠兔、有害植物、定向调查等业务记录表,并在移动终端上对每个记录表进行业务数据填写、图形文件生成、GPS数据获取、位置资源获取及调查结果的计算。

林业有害生物专项普查信息采集。以踏查、标准地调查、定向调查、场所调查这4种方式分别对叶部枝梢果实病害、干部病害、食叶枝梢害虫、蛀干害虫、种实害虫、地下害虫、林业有害植物、鼠兔害等业务记录表,在移动终端上进行业务数据填写、图形文件生成、GPS数据获取、行政区划选择及调查结果的计算。

林业有害生物检疫监管信息采集。对企业登记、产地检疫、调运检疫、检疫监管、案件查处记录表,以及检疫证书查询、业务查询、知识查询的表格,在移动终端生成、相关图形文件生成、GPS 数据的获取。

林业有害生物防治信息采集。在移动终端上对不同时间、不同地点实施林业有害生物防治效果等信息进行填写及图形文件生成,获取GPS数据、位置信息。

林业有害生物监测轨迹记录。轨迹记录设计是用户使用移动终端登录后自动在后台记录。轨迹展示设计在用户主动选择时触发,通过登录移动终端平台开启轨迹记录及在移动终端或服务器端对轨迹记录后进行。

林业有害生物电子文件传输与储存。对移动终端采集到的林业有害生物相关信息、数据及图形文件等,以电子文档无线传输到服务器。

4.4.1.2 "互联网+"林业有害生物巡检系统

目前传统林木病虫害防治渠道已经不能满足林业产业化快速发展的需要,利用移动互联网技术开发一款服务于基层林业工作者与林农的林业有害生物防治系统,可有效地实现有害生物防治信息的实时交流,有利于疫情管理与病虫害防治。基于移动互联网技术和Web GIS技术的林业有害生物巡检系统具有易操作、可推广性强、时空局限性小等特点,可向广大林业工作者提供便捷的技术咨询、病虫害诊断与疫病防控等服务。

基于移动互联网技术的林业有害生物巡检系统,使基层林业工作者及林农利用普及的手机,实现实时上传病虫害咨询、访问专家平台,同时有利于上级林业部门及时掌握各地疫情信息,指导防控,完成与基层林业部门(公司)的实时信息交流,从而实现现代化的疫情管理。

系统的网络拓扑图如图4-1所示。系统主要包括以下功能:

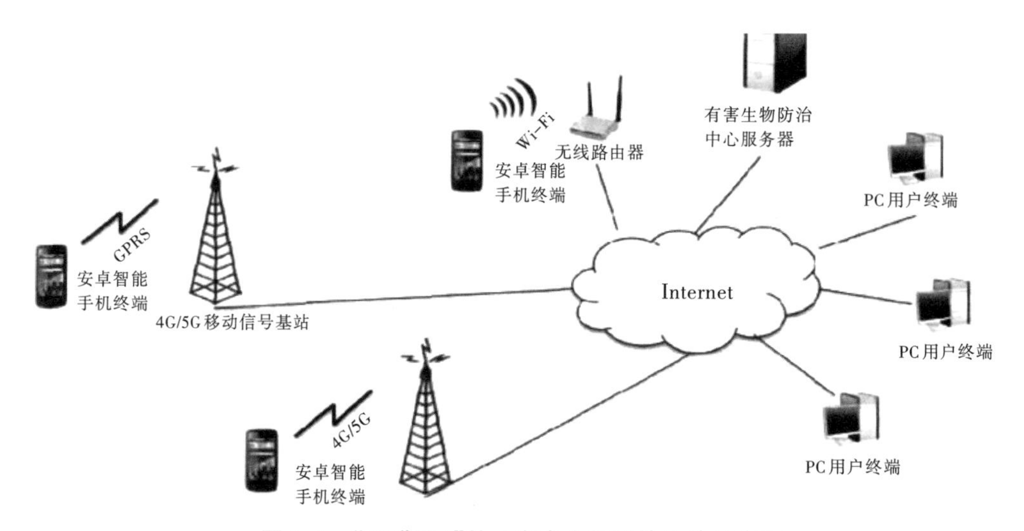

图4-1 "互联网+"林业有害生物巡检系统示意图

(1)自助诊治

用户可通过安装于安卓手机终端的系统终端软件,根据区域、寄主植物、有害生物、病害部位、被害状、有害生物类别进行有害生物诊治信息的检索,或可采用关键字检索,实现人机交互,完成常见病虫害诊治。

(2)灾情上报

终端用户可以通过程序设置的疫情类型选择需要上报的疫情,也可通过文字描述、语言描述、录音、现场拍照等方式对疫情进行描述,系统可以将用户的疫情信息以及用户地理信息通过无线网络发送到数据中心，完成疫情的实时上报。

(3)数据中心数据处理

数据中心通过网络接口、短信中间件接收用户发送来的疫情数据，对用户通过手机终端程序菜单选择的疫情数据直接在病虫害库中进行数据检索并及时将处理方法等相关信息发送至用户手机。对于用户自编的疫情信息的处理先采用疫情专家系统进行模糊识别，如果识别率不高则将信息转由专业技术人员进行处理。

(4)病虫害预警

数据中心可以将疫情预测信息、疫情发生信息、气象信息及时发送到用户终端，用户终端以可视化数据的形式显示灾害信息。用户终端定时更新终端的信息以与中心发布的数据同步。

(5)交流平台

专家或普通用户可以在交流平台上传有害生物图文信息，图文信息通过系统审核后发布在数据平台上，专家及林业工作者可以通过手机或PC对发布的信息进行查看或在线交流。

4.4.2 监控与识别系统

4.4.2.1 基于物联网的林业有害生物防治监测信息系统

基于物联网的林业有害生物防治监测信息系统，包括RFID标签、手持RFID读写终端、无线通信网络、数据库服务器、操控显示终端。RFID标签植入有害生物受灾的树木上，利用FRID标签物理卡号的唯一性，对每一棵疫木进行跟踪防治。手持RFID读写终端登记的信息、疫情写入RFID标签，通过无线通信网络发送到数据库服务器，对疫木的信息进行分类登记、实时监测、进行分析。管理人员通过系统跟踪疫木的防治流程直到疫木疫情结束。

(1)林业有害生物图像识别系统硬件

客户端：RFID标签、各类传感器、手持RFID读写终端（含摄像头、GPS定位模块、无线传送模块、蓝牙模块）等。

(2)林业有害生物图像识别系统传输

无线通信网络或公有有线互联网。

(3)林业有害生物防治监测系统模块

主要包括数据库服务器、RFID标签注册模块、手持RFID读写终端信息管理模块、疫木档案数据库、疫木防治工作人员管理模块、疫木信息监测模块、数据统计模块等。

基于物联网的有害生物信息监测，其中疫木身份信息包括：日期、疫木编号、木种、所属林区、方位信息、疫情类别、温度、湿度、风向、雨量、疫木防治信息等监测数据和防治全过程数据。可实时利用大数据挖掘物联网监测数据，实现远程诊断、灾情评估、损失评估等，调整防治决策。

4.4.2.2 基于移动互联网的林业有害生物图像识别系统

基于移动互联网技术和计算机图像处理技术设计有害生物图像采集和分析系统。该系统通过移动终端设备(智能手机或平板电脑)客户端获取虫害图像并进行初步分析(深度识别等算法)，进而将图像及处理分析传输到服务主机存储和做进一步分析。

(1)林业有害生物图像识别系统硬件

客户端：智能手机或平板电脑，要求具有1000万像素以上摄像头，中央处理器采用四核以上CPU，支持触摸屏操作，3D加速GPU，拥有蓝牙、Wi-Fi。支持外置TF卡和U盘。安装高操作系统版本。

服务主机：服务器或笔记本电脑，操作系统、内存、数据库建立等基本参数符合要求。

(2)林业有害生物图像识别系统传输

无线通信网络或公有有线互联网。

(3)虫害图像分析系统模块

主要包括图像采集模块、图像存储模块、图像分析模块、图像显示模块、数据传输模块及中央处理模块等。

其中图像采集模块调用智能手机或平板电脑摄像头实现对虫害图像的获取，采集结果经中央处理模块处理后保存到图像存储模块中，同时可以通过图像显示模块将采集图像显示出来。图像分析模块通过中央处理模块调出图像存储模块中的虫害图像进行分析，分析结果经由中央处理模块通过数据传输模块传送到服务主机。服务主机软件对客户端发送的请求进行响应，接收并将客户端传送的数据保存到MySQL数据库，并根据客户端的请求对保存在数据库中的图像数据进行汇总和分析，并将结果返回客户端。因此林业管护人员只需要使用客户端(APP)拍摄或者扫描虫害图像，即可得出虫害种类、虫害数量、严重程度、治理办法等信息。

4.4.2.3 基于视频识别的林业有害生物远程监控系统

计算机视觉技术和集成信息系统为林业有害生物监控和防治提供持了持续有效

的信息支持。基于智能监控、诊断与防治一体化的专家系统的构建如图4-2所示。整个系统由智能监控、识别与诊断、自动化防治三部分组成。其中智能视频监控系统的网络拓扑主要由前端监控点、无线传输设备、后端网络服务器和智能分析管理平台四大部分组成。

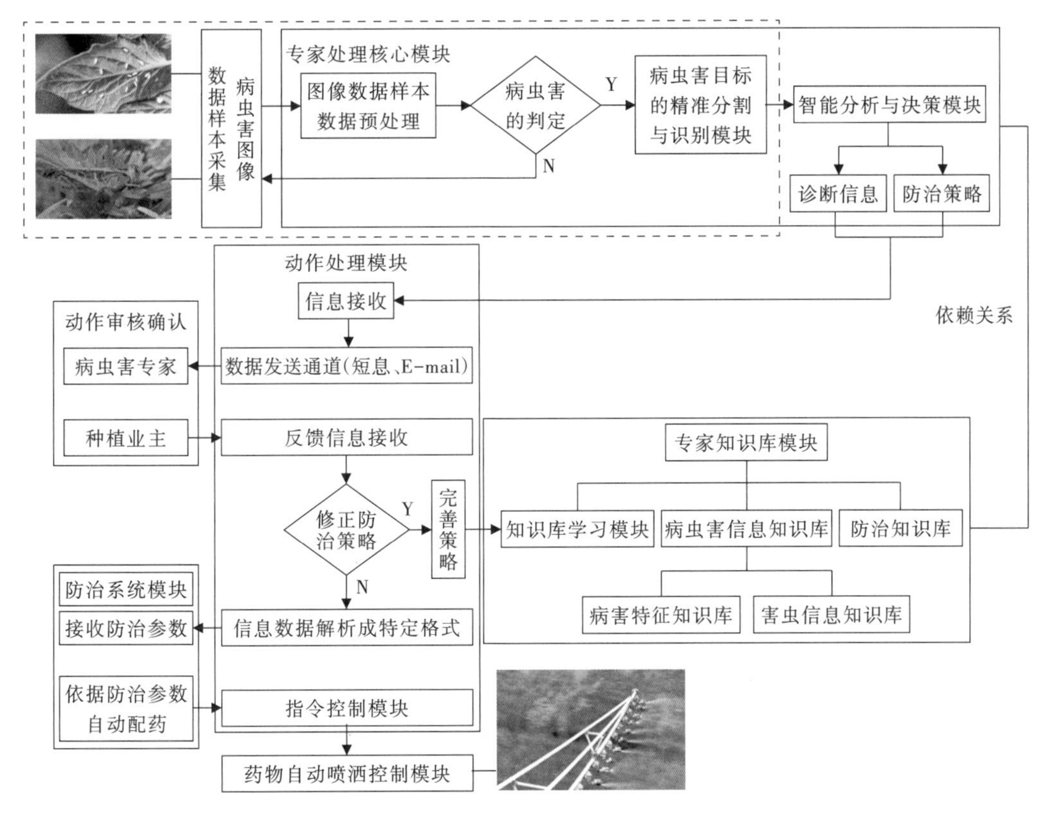

图4-2 基于视频识别的林业有害生物远程监控系统流程示意图

4.4.3 预警与防治系统

4.4.3.1 “互联网+”林业虫害测报系统

基于互联网技术的智能林业虫害测报系统,能实现捕获虫害数目的自动计数、存储。系统有Web服务器中心,能够实现数据汇聚节点与服务器的双向通信,也可以控制嵌入式数据汇聚节点的一系列动作。系统还有移动端数据交互界面APP,测报人员能够通过登录手机端APP查看服务器中心的数据。

系统首先通过使用性诱或灯诱方式引诱虫害进入诱捕器,然后采用传感器技术及信号滤波技术结合特殊的诱捕器装置实现虫害数据的采集与处理;对温度和湿度等环境数据的采集则采用温湿度传感器来实现。系统通过构建Web服务器来完成数据的接收、存储、整理、分析和实现虫害情况的实时测报。

(1)数据采集

自动采集虫害和温湿度环境数据,具有自报式传输体制。

(2)数据传输

实时传输虫害和温湿度关键数据,采集节点数据上传至嵌入式微处理器终端,将微处理器终端数据上传服务器。

(3)Web服务器

能够与GPRS网络通信获取微处理器中心上传的数据,具备对上传数据完整性和准确性的校正功能。同时承担整个虫害测报系统的数据运算处理和分析中心,响应网页端和手机端的数据请求。

(4)网页端虫害信息查询

能够提供当前时间点、某日内、某月内、某年内的虫害和温湿度数据查询功能,并生成三者关系曲线。用户通过网页向服务器发送相应的请求命令,查询所需的数据信息。

(5)手机端虫害信息查询

能够提供本日、本周、本月和本年度虫害和温湿度数据的查询功能。

(6)预警

当获取的虫害数目超过设定的预警值时,系统通过网络自动向手机用户发送预警信息,方便用户及时掌握当前虫害发生情况,为预防重大虫害发生提供及时的预警功能。

(7)资料管理

提供用户信息管理、测报点信息管理、数据库备份和林业虫害测报点工作状态管理。

4.4.3.2 “互联网+”林业有害生物防治决策专家系统

“互联网+”林业有害生物防治决策专家系统是将人工智能技术、GIS技术、数据库技术和网络技术有机地结合起来,集林业有害生物专题模型于一体的信息存储、信息处理的专家系统。系统采用三层的B/S结构和符合J2EE标准的开发平台,构建了专家系统的知识库、推理机、事实库和解释器等主要模块,实现了对森林病虫害的发生期、发生量、危害趋势、灾害发生区域的预测预报和防治决策等功能。其目标是实现森林病虫害预防和管理的科学化和现代化。同时,系统利用了GIS技术,可以通过Web GIS地图将发生灾害的区域信息直观、全面地显示给用户。在林区灾害发生后或者灾害发生期间,根据灾害情况,可向用户提供防治的方法和措施。

林业有害生物防治决策专家系统在结构上由四个部分组成:知识库、推理机、事实库和解释器。其中知识库用来存放相关领域专家提供的专门知识。推理机的功能是根据一定的推理策略,从知识库中选取有关的知识,对用户提供的数据进行推理,直到得出相应的结论为止。事实库保存着用户的输入信息、中间结果和最后结论等数据。解释器向用户解释专家系统的推理过程,有利于用户理解系统的推导过程。

系统在功能上分为预测预报、防治决策、知识库管理、数据维护和地理信息系统管理五个功能模块。

(1)预测预报功能

预测预报功能是根据当前林区状况及气象信息对未来可能发生的病虫害进行预测。预测预报功能中包含四个部分:发生期预测、发生量预测、危害趋势预测、灾害发生区域预测。

发生期预测:根据森林病虫害的数据信息预测该病虫害的发生期。

发生量预测:对森林病虫害的发生量进行预测预报。

危害趋势预测:输入往年的灾害情况,系统将会为用户绘制柱状图,将预测年份危害的趋势反映出来。

灾害发生区域预测:通过利用森林病虫害预测模型来预测灾害发生区域的灾害等级和发生的面积。

(2)防治决策功能

防治决策功能是在林区灾害发生后或者对林区可能发生的灾害进行有效预测后,根据灾害情况,为用户提供防治的方法和措施。防治决策功能模块首先会根据用户录入的信息为用户分析当前灾害的情况,这些所需信息也可以由预测预报模块中得到。在分析之后,防治决策模块会进一步帮助用户制订防治的方案,为用户提供一些具体的防治方法。

(3)知识库管理功能

知识库管理功能是专门针对本系统所使用的知识模型进行管理的功能,可以方便地在知识库中增加新的病虫害知识,删除、修改旧的知识,以及调整数学模型中的参数,主要是为了方便知识库维护人员对知识库进行管理所开发的。

(4)数据维护功能

数据维护功能包括林管维护、林场维护、树种维护、病害维护、虫害维护、有害植物维护、土壤种类维护、林种维护、植被种类维护、防治成本维护、林分类型维护、立地类型维护、林木组成维护等。这些基本数据信息为专家系统提供了基础数据,还为病害、虫害、鼠害和树种等信息提供图像存储、显示以及根据关键字检索图片的功能,这样能更加丰富地描述其信息,在浏览信息时也更加生动、形象。

(5)地理信息系统管理功能

地理信息系统管理功能主要实现了对地理要素进行显示、漫游、空间数据和属性数据的查询、打印、导航、全景显示等功能,同时为其他功能提供专题图和基础地理数据。

4.5 浙江省"互联网+"林业有害生物防治典型应用

4.5.1 爱植保"互联网+"林业有害生物防治平台

4.5.1.1 系统简介

为推进农林病虫草害的数字化发展,浙江大学、浙江农林大学等国内40余所涉农高校科研院所和各地农林部门的百余位农林病虫草害专家共同组建了植物保护专业技术服务联盟,借助农林技术推广服务体系、农资生产经营主体销售服务网络等渠道,通过爱植保"互联网+"林业有害生物防治平台(以下简称"爱植保APP")精准链接终端用户,实现对农林病虫草害的在线智能识别、远程防控指导、数据统计分析、农资信息服务。

爱植保APP综合应用了移动互联网、物联网、大数据、云计算、人工智能图像识别、全球定位系统等技术,创建了农林病虫草害人工智能识别引擎,通过对农林病虫草害海量数据的深度挖掘,可为农林业管理部门提供农林病虫草害识别诊断、监测预警、科学防控的参考数据,为农药、微肥的生产、经营和使用者提供信息服务。

4.5.1.2 系统优势与特点

爱植保APP使得农林病虫草害发现更及时、诊断更专业、用药更精准,降低农林有害生物造成的风险与损失,为农林管理部门提供农林病虫草害识别诊断、监测预警、科学防控的参考数据,为农药使用者提供信息服务。与传统的植保技术相比,爱植保APP具有识别精准、监测广谱、植保专业、实用高效的特点。

精准:在农林病虫草害发生的地理位置、有害生物的种类、药肥的选择等方面,实现高精准。

广谱:在农林病虫草害监测的地理区域、作物的种类、病虫草害的类型等方面,实现全覆盖。

专业:通过“专业引擎在线识别+行业专家远程指导+全国植物保护专业技术服务联盟在线服务”,确保专业性。

高效:用户通过现场一键拍照,即可实现智能识别和资料推送。

4.5.1.3 主要功能模块

爱植保APP能对农林病虫草害进行在线智能识别、远程防控指导、数据统计分析、农资信息服务。用户通过爱植保APP平台,可现场拍照、在线识别诊断农林病虫草害,获取防控参考资料,得到专家远程技术指导。同时,行业专家和管理人员通过爱植保APP平台,可实时获取特定作物或特定区域农林病虫草害的发生情况及流行趋势,发布知识讲座和技术成果,为用户提供远程技术指导。

4.5.1.4 应用成果

以黄杨日本龟蜡蚧为例,爱植保APP能实现对农林病虫草害的在线智能识别、远程防控指导、数据统计分析、农资信息服务。用户可以在“病虫草害”植保百科中,选择任意一种树种,进入了解该树种下可能会发生的主要病害、虫害、草害及缺素等情况,并查看其防治建议。如图4-3、4-4所示。

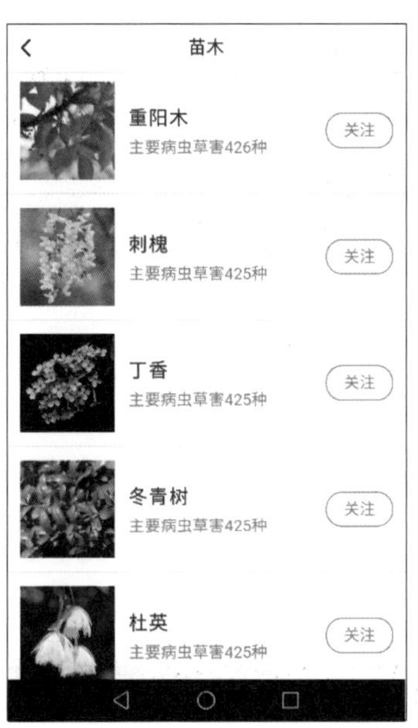

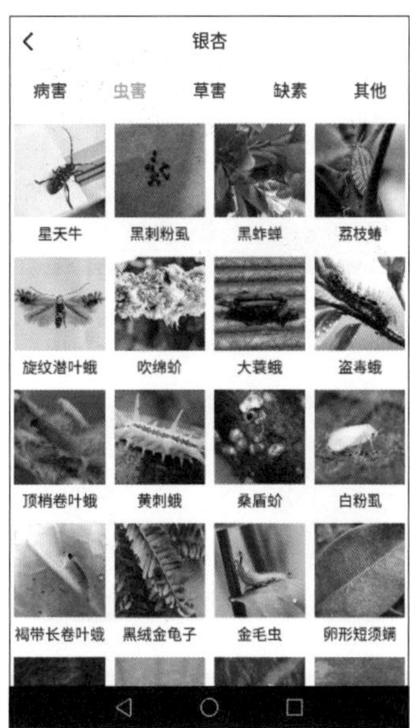

图4-3 爱植保APP操作界面

图4-4　爱植保APP操作界面

选择待识别苗木，拍照或从历史相册中调取该树种虫害照片上传，待系统识别。经人工智能图像识别后即刻推送识别结果。查看详情，即可获取日本龟蜡蚧有关寄主、为害状、形态特征、发生规律及防治方法等信息，同时可点击语音播放按钮进行段落选取播放或通篇播放，以方便用户获取详情资料。如图4-5所示。

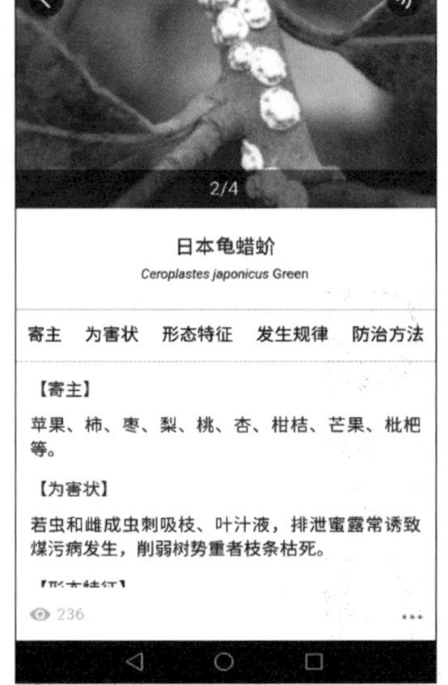

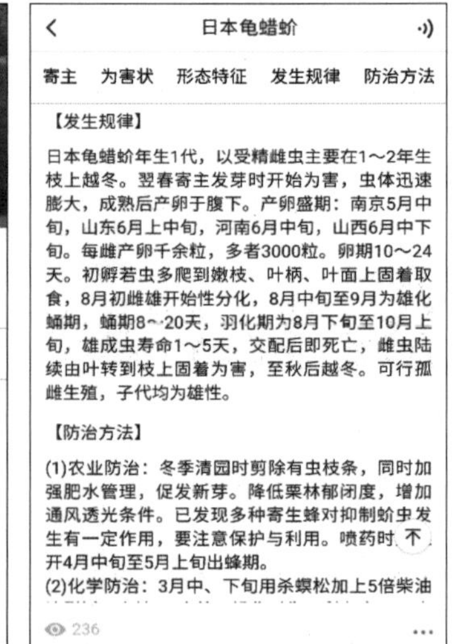

图4-5　爱植保APP操作界面

作为林业管理部门工作人员或植保专家，可以选择任一时段下黄杨受日本龟蜡蚧侵害的情况，包括发生地、发生时间及流行趋势。如图 4-6 所示。

图 4-6 爱植保 APP 操作界面

4.5.2 武义县松材线虫病无人机巡查系统

4.5.2.1 系统简介

浙江地区为松材线虫高发区域，多年来浙江林业部门投入大量的人力物力用于松材线虫的测报和治理工作，使松材线虫得到有效的控制，取得了巨大的成果。近年来灵活机动、具有快速响应能力的轻小型无人机迅速推广，成为航空遥感领域一个引人注目的亮点，是卫星遥感与有人机航空遥感的有力补充。

无人机巡查系统主要利用无人机搭载的高分辨率监测设备，在指定的区域内按照预定的航线飞行、拍照，待无人机安全降落后，将数据传送给内业部门进行有害生物判读及勾绘，进而精准地掌握森林健康状况，特别是对面积大的重点区域实施低空航行遥感监测，解决传统勘察方法面临的人力资源不足、覆盖率低、工作效率低等问题。无人机巡查系统可对枯死木、变色树、异常林进行精确定位，采集有效的影像资料，及时发现病虫害，为林业有害生物预测、防治提供数据与技术支持。

无人机巡查系统是为治理决策提供强有力的基础信息资料和决策支持的智能化超算平台，其主要作业流程如下（如图 4-7、4-8、4-9、4-10 所示）：

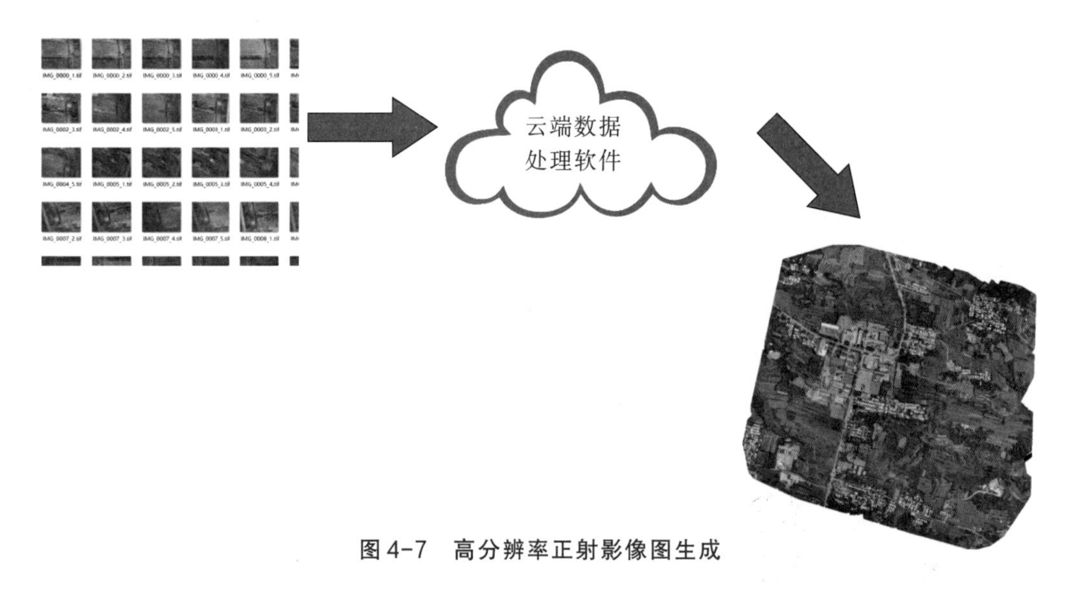

图 4-7　高分辨率正射影像图生成

图 4-8　高分辨率正射影像图导入软件平台

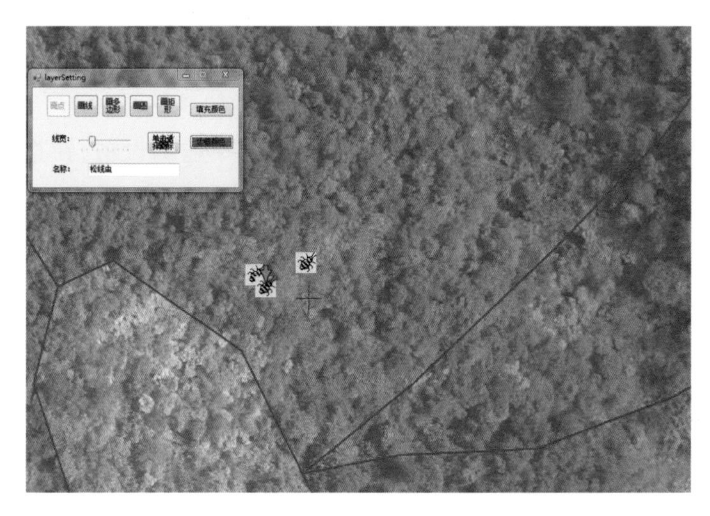

图 4-9　对枯死木进行判读和勾绘

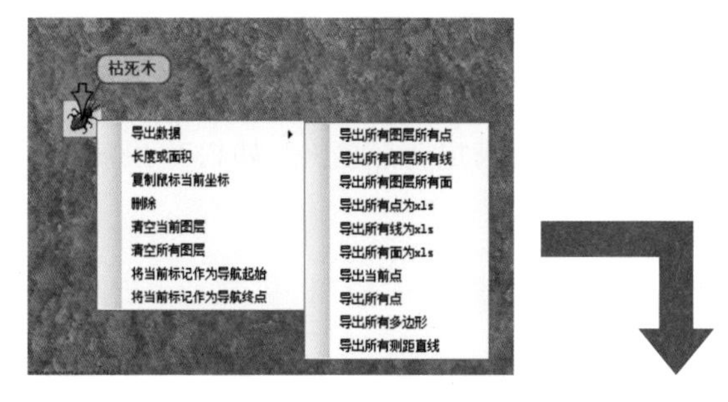

1	村代码	小班号	面积	地类	林种	优势树种	村名	经度	纬度	FID
2	10029	14	245	111	11	101	横渡	120.02303570509	29.0018735603711	5146
3	10029	14	245	111	11	101	横渡	120.02351179719	29.0007240775125	5146
4	10029	16	311	111	11	101	横渡	120.028477907181	29.0013082040729	5152
5	10029	8	244	111	11	101	横渡	120.02077460289	29.0073194400075	5114
6	08007	20	263	111	33	101	后塘弄二村	120.02077460289	29.0073194400075	8820
7	10001	3	266	133	11		黄坟水库	120.037624239922	29.0078378495575	5123
8	08007	20	263	111	33	101	后塘弄二村	120.037624239922	29.0078378495575	8820

图4-10 导出标记的GPS坐标点位

首先,工作人员打开平台软件规划作业范围、飞行精度、作业时间、成果汇报时间等目标数据,建立项目原始档案。

其次,外业人员根据项目安排实测飞行并且向服务器上传原始影像数据、飞行数据资料。

再次,内业人员下载原始影像资料进行飞行数据成图,输出DOM/DEM影像后上传至服务器对应的项目资料库,并且形成影像资料编号。

最后,内业勾绘人员打开项目原始影像(系统自动叠加林业小班属性资料),利用系统提供的操作工具进行勾绘,记录并形成成果数据进行汇报。

4.5.2.2 系统优势与特点

传统的林业有害生物人工调查方式,存在发现难、时效低、劳动强度大等问题,利用无人机进行航拍监测,相对人工方式则具有明显的优势。一是可以短期内快速准确地获取林区现状正射影像,快速标出感染区域,时效性高。二是无人机调查结合空间定位技术可以精确到厘米级,数据空间精度高。三是通过对无人机航拍影像进行机器自动判读和人工多层辨别,可以有效避免遗漏枯死木发生点,降低进一步扩散的风险。四是无人机调查可以快速获取感染区域的空间分布,便于相关部门获取感染区总体情况,并及时有效统筹安排防治工作。

无人机巡查系统特点如下:

作业效率高:单次起降按照7厘米精度飞行,作业面积可达10平方公里,每日可完成4~6个起降。

成图精度高：拍摄的影像资料，最高精度可以达到3厘米（航空测绘最高精度影像）。也可以选择多旋翼悬停拍摄，集中处理单点影像资料。

成果准确率高：通过颜色识别，精确到单棵树木的病虫害情况（例如松线虫病，枯死木变红色或褐红）。

成果应用范围广：成图影像可以作为航空测量标准影像库资料，供林业、农业、畜牧业、电力、建筑、国土等多个部门多个行业调取使用。

4.5.2.3 应用成果

武义地区是浙江省松材线虫病防疫的重点区域，该地区有着丰富的森林资源和旅游资源，森防工作是该地区森林保护的重要环节。为了提高该地区的森林病虫害防治能力，采用无人机对枯死木进行监测，不仅可以提高工作效率，还可以提高测报数据的准确性。

2019年9月，对武义县2019年新发生的枯死树进行统计，巡查和检查砍伐清理的质量，对重点区域进行连续监测预警；对未发生的重点松林区域、道路主干道两侧、水库附近进行监测，实时掌握发生情况，制订应对方案；对计划监测区域的松林进行飞行监测，预测发生面积，统计枯死树数量。监测流程如图4-11所示。

（1）小班图获取

与武义县森防站联系获取作业区域的详细小班图，确定作业区范围。下载作业区域的谷歌地图，并将小班图、谷歌地图进行空间匹配校正，获取总体飞行区块图。

（2）现场踏勘

固定翼无人机在飞行过程中易受到天气、山脉高度、山风等因素的影响，在不确定飞行环境的情况下，盲目起飞，会对飞行安全造成巨大的影响。因此，在飞行前，需要实地了解飞行区域内的山脉走势、天气状况以及各种影响飞行安全和飞行质量的因素，为后期的航线规划和安全飞行提供保障。飞行前现场踏勘的重点内容如下：

天气。天气是影响飞行作业的主要因素。多雨的时节，山间雾气重的地区，飞行安全和航拍质量都会受到严重影响。应尽量选取天气放晴、山间雾气散去的中午和下午时段进行飞行作业。

山脉高度。无人机在飞行过程中，飞行高度是前期设定的，如果要临时变更高度，需要耗费时间，而且会对相机的拍摄质量带来不良影响，也会威胁到飞行安全。因此，应在飞行之前，实地调查作业区域内主要山的高程，根据山的高度，合理设置无人机的相关飞行参数和相机的参数。

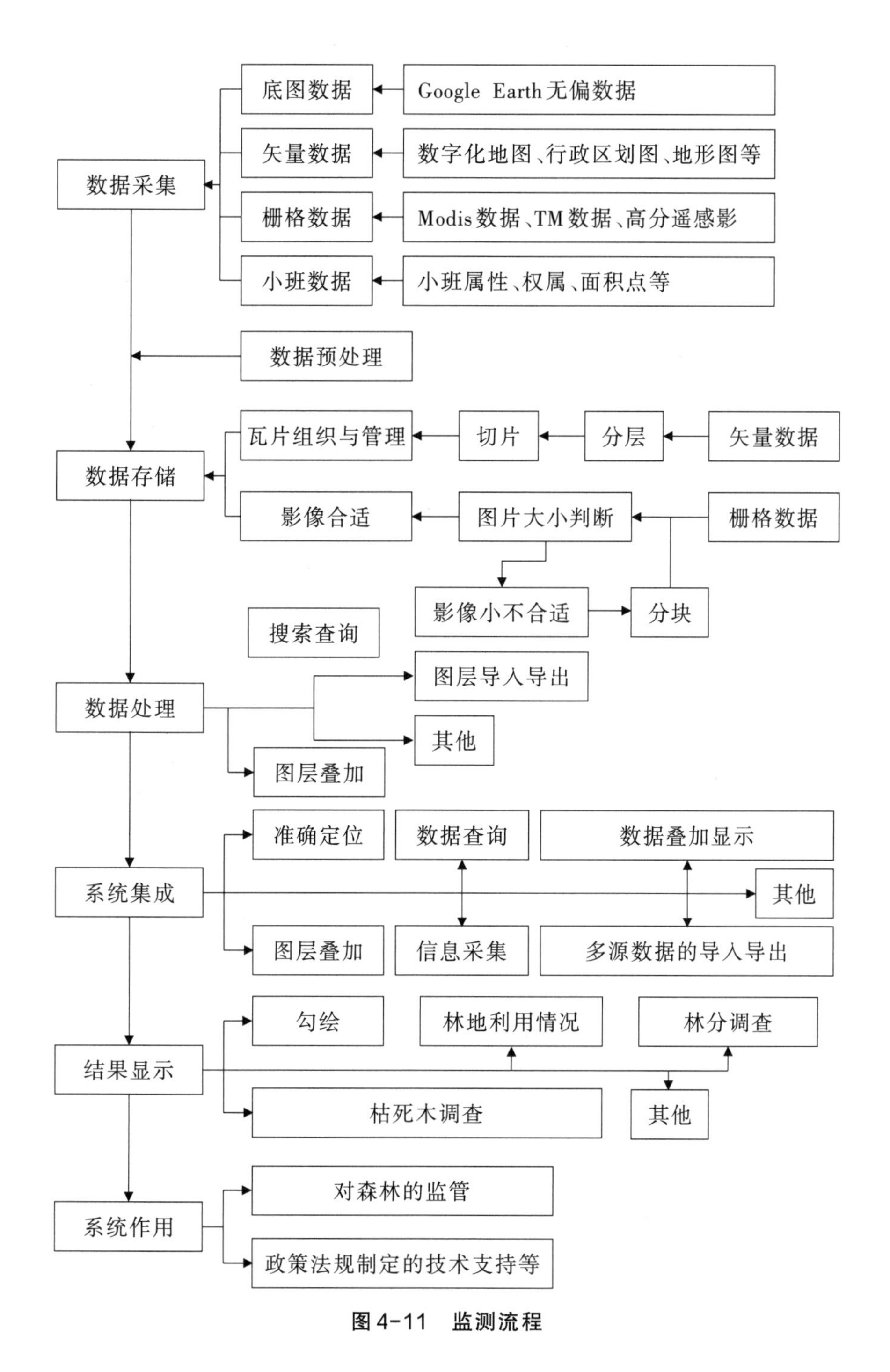

图4-11 监测流程

山风。与平原的风不同,山风会由于山的遮挡临时改变风向和风速。固定翼无人机在飞行过程中应尽量避开山风造成的复杂飞行环境。

其他因素。为了保证飞行安全和飞行质量,还应调查飞行区域内是否存在军事设施、电力高压塔、通信基站等其他影响飞行的各种因素,并将之记录,标记在图上。

(3)航线规划

在详细了解待飞行区域的实地情况,并结合计划飞行当天的天气情况后,制订详细飞行航线。

航线规划主要包括:

作业板块划分与选择;

飞机参数的选择,包括飞行的高度、飞行线路、拐弯角度、飞行速度等参数的设置;

相机参数的设定,包括相机的型号、拍摄的角度、拍摄的间距、照片的重叠率等。

(4)无人机飞行

需要根据实地情况,选择起降。如果作业采用垂直起降的旋翼无人机,则对起降场地的周围环境要求低。

(5)内业飞行数据拼接和处理

整合航拍图片,利用服务器后端图像处理软件进行数据的拼接和处理,最终形成作业区正射影像图。该项工作是内业工作中至关重要的一步。

(6)枯死木的计算机自动检测

枯死木自动检测软件基于智能化影像分析软件进行二次开发,可根据野外采集的不同阶段染病松树样本库建立解译标志,利用计算机自动解译方法对无人机高分影像的染病松树进行自动检测。基于模板匹配技术计算影像与染病松树样本的特征匹配度,通过设定相关性阈值自动检测出染病松树对象。基于面向对象的阈值条件分类方法将不属于染病松树的对象进行剔除。染病松树自动解译技术流程如图4-12所示。

技术难点在于染病松树的种类多样,且影像色调不一致,解译难度大。染病松树的解译标志特征为:树冠在形状上近似圆形,半径约1~4.4米,大部分在4米左右。颜色分为淡绿色、黄色、橘黄色、灰色、褐色,大部分为褐色。纹理特征分为强纹理性和弱纹理性。染病松树的检测难点在于,染病松树在不同受害阶段的解译标志不同,且部分染病松树不具有明显的解译标志特征。在实际调查中,存在小的感染树木被大的树木遮挡,感染初期顶端为绿色下部为红褐色,但空中航拍为黄绿色等情况。这种情况下,无论是单纯采用目视解译还是单纯采用计算机自动解译,都会发生错检和漏检。因此,在实际工作中需采用目视解译和计算机自动检测相结合的方法,对工作

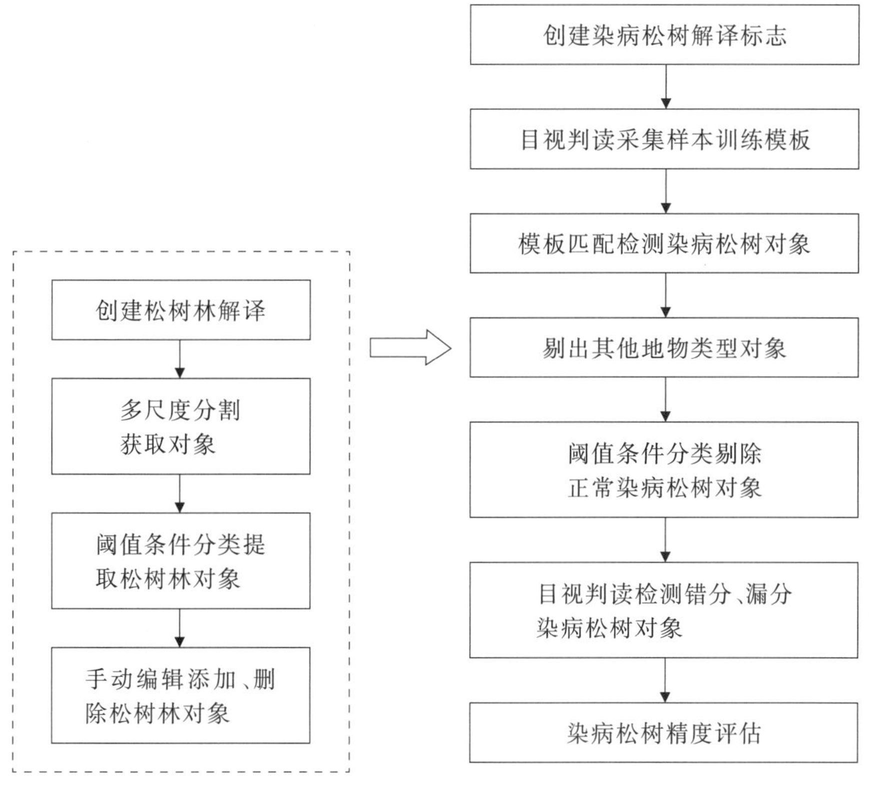

图4-12 染病松树自动解译技术流程

区域的染病松树进行检测，基于无人机高分影像的检测结果，辅之野外调查，排查误检的染病松树，修正解译标志，提高计算机自动检测精度。

另外，无人机影像是经过Photoshop调色后再拼接的，影像色调不一致，对染病松树的计算机自动解译也造成了影响，在使用相同的特征阈值对染病松树进行分类时容易造成错分、漏分。因此在实际工作中需采用IPS软件对无人机高分影像进行处理，经过空三解算、DEM创建、正射校正和镶嵌匀色处理后，获取色调完全一致的影像，以提高染病松树的计算机自动解译精度。

染病松树的计算机自动解译方法采用了模板匹配技术和面向对象的阈值条件分类技术。

利用模板匹配技术采集染病松树样本，识别染病松树样本的形状、大小和颜色特征，并根据影像与样本特征的匹配程度设定合适的相关性阈值，使用模板匹配算法实现染病松树的自动检测。

利用面向对象的阈值条件分类技术对误检的染病松树进行排查。结合松树林的范围、绿波段比率、亮度、饱和度等特征对正常松树、松树林中的裸地和岩石等进行逐个类别剔除。

本检测软件受季节、气候、无人机数据分辨率、采集样本等情况影响,在使用前需要进行大量的样本采集,而且与无人机的飞行精度有关。容易出现检测错误的区域主要有:地物复杂区域、未有样本录入树种、高山高差起伏太大的背阴面等。

样本采集工作在无人机航飞的同时进行,采集过程要对检测区域进行多地形地物的采样,确保尽量多的样本录入。

正式判读前要对核查的区域进行100%实验。将人工核查结果与机器判读结果进行逐点核对,对误判和漏判区域进行色彩波段数据的提取,对造成误判的原因进行分析,对图像信息进行分析和调整。

判读后进行数据检查。将整个作业区域划分为500米×500米的子区域,逐块分区域检查,检查率不低于80%,对高山阴影区域进行100%检查。

(4)枯死木的人工内业识别和标绘

枯死木的人工内业识别工作与计算机自动识别工作同步进行。在获取作业区域的整体飞行数据基础上,通过正射影像图勾绘枯死木的信息。勾绘的成果一部分用于纠正机器自动识别结果和保证数据质量,一部分直接作为枯死木识别的成果。枯死木的人工内业识别,工作量非常大,而且流程烦琐。

(5)枯死木识别质量控制、数据核查

数据核查是针对枯死木调查的一个质量保证环节,主要分为飞行质量核查、枯死木样本核查、判读数据核查等三个内容。

①飞行质量核查。首先在内业对飞行的范围进行确认,确保100%覆盖飞行监测区域;其次对飞行的分辨率进行核实,确保达到项目分辨率目标;再次对实际地物的分辨度和图形拼接进行核实,确保可以100%识别地物信息,拼接无遗漏和扭曲变形等。

②枯死木样本核查。进行地面人工调查,配合小型旋翼无人机进行超低空调查,随机抽取飞行区域1%~5%面积进行实地抽查。对抽取的区域进行人工标绘,并对枯死木的照片进行地面拍摄,和影像图进行匹配,录入判读样本数据库。保留人工判读结果和后期数据处理成果进行对比,确保准确度,降低误差率。

③判读数据核查。针对已经判读的数据进行实地的调查,对树木的种类和准确位置进行核实。该项工作处于项目后期质量控制阶段,对已经分析和判读的枯死木数据到现场进行确认,提高准确率,同时针对地物复杂、难以判读的区域进行100%

实地判读调查。

4.5.3 托普云农森防监测预警系统

4.5.3.1 系统简介

托普云农森防监测预警系统，将采集数据实时传输至森防监测预警系统平台，实现对树木生长环境、虫害种类的动态监测，为森防监测预警提供技术服务和救灾指导，为各级领导进行决策提供数据支持。

每个森林防护区域可通过环境监测系统、智能虫情测报灯、小气候监测设备对每个监测点的病虫状况、空气温度、空气湿度、露点温度等各种作物生长过程中重要的参数进行实时监测。测量结果可以在网站上直观地显示出来，还可远程设置每个点的各种参数。并且配套云服务平台，将数据传入云平台，再配合专业的分析处理功能，可以为作物生长环境信息的处理分析提供更多更好的科学指导。

系统主要由智能虫情测报灯、远程网络传输系统、控制中心，终端信息查询等组成。总体结构如图4-13所示。

远程拍照式虫情报灯

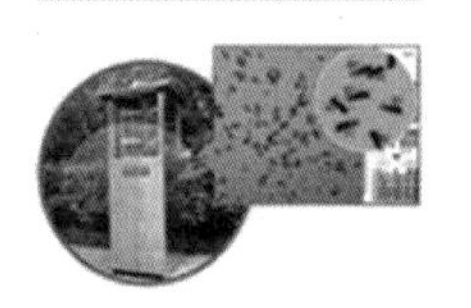

可检测虫情信息，并对虫情实时计数拍照，照片可上传至管理平台，系统自动预警。

无线远程自动气象监测站

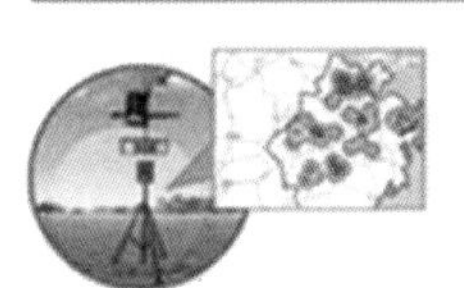

可采集森林气象信息，通过图形预警与灾情渲染模块，直观显示森林气象情况。

远程视频监控系统

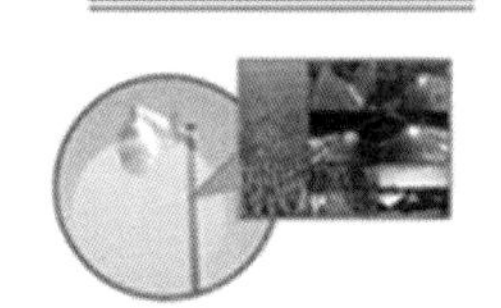

360度全方位红外球形摄像机大视野覆盖，管理区域视频可实时查看。

害虫性诱智能测报系统

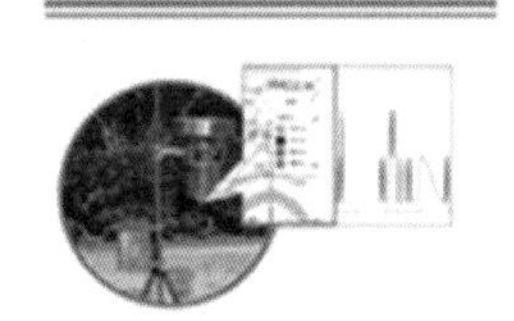

通过性诱方式杀虫，并可远程查看系统诱杀虫体数量。

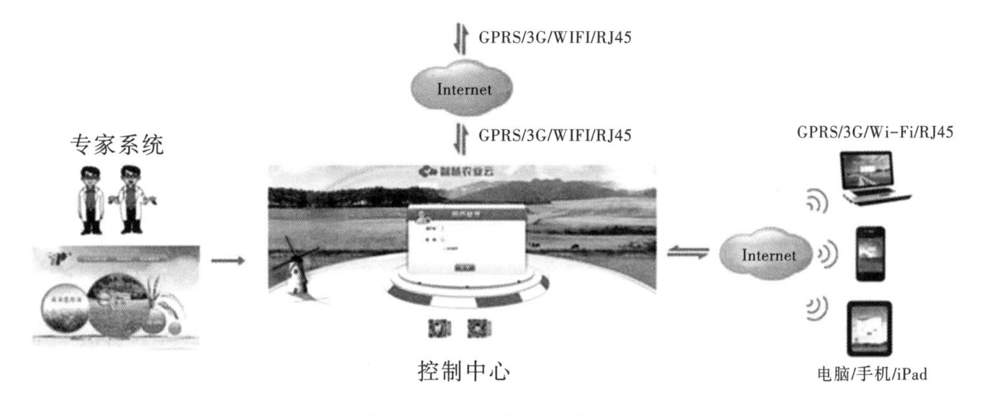

图4-13 系统结构图

4.5.3.2 系统优势与特点

(1)智能采集

对现场森防监测数据进行智能化远程采集,并通过互联网、移动网络(GPRS、3G、4G等)传输到平台软件中进行存储,为后续的处理、分析奠定基础,降低工作人员的工作强度,提高工作效率。

(2)自动处理

可自动对现场数据进行采集,也可以定时采集,并且对部分关键数据进行自动处理和分析,如虫情中的林业类虫害,可自动采集、存储,同时对不同的虫害进行分类并自动计数,提高工作人员工作效率,降低工作人员的工作强度。

(3)在线查看

通过在线视频技术,实现现场情况的在线查看,实现现场情况拍照保存,方便后续进行历史数据分析,提供远程指挥调度能力,提高整体管理水平。

(4)智能统计

对不同来源的数据进行统一处理,通过数据合并的手段实现综合分析,提高工作人员的工作效率。

(5)自动预警

通过系统中的林业专家数据设置预警阈值,对采集到的数据进行分析,当到达阈值时系统向指定人员发出预警信息,帮助工作人员更方便地做好森防工作,提供低成本的智能决策能力。

(6)自动管理

对林业管理人员的工作区域范围需要管理的设备进行配置后,可以让管理人员方便地对相关设备的工作状态和在线状态进行查看,降低整个系统的维护和管理难度。

(7)移动应用

提供移动应用功能,使用手机就可以完成监测、分析及管理工作。

4.5.3.3 系统平台建设

森防监测预警系统整体分成中心处理平台建设和现场监测设备建设两部分。

(1)中心处理平台建设

托普云农森防监测预警中心处理平台承担数据中心的角色,在整个工作过程中为工作人员提供数据存储、处理、分析的主要功能。系统中的大部分智能分析能力都

由此平台来提供,同时为用户提供Web与移动客户端的应用体验,方便管理者的使用。主要包括以下功能模块:

①基础信息管理。从管理者角度出发,对整个平台的基础数据进行有效维护,服务监管集中进行统一展现,建成“中心—林区”模式架构,展示中心统一展示出管理区域的信息系统,形成集中化展现,各区域也可自主进行系统管理和操作;对各个应用试点现场的基本情况、环境数据提供一个统一的展示平台,可以使管理决策者在指挥中心充分掌握森防的即时数据,为森防决策提供辅助。主要包括:区域信息管理、人员信息管理、报警信息管理、单位信息管理。

②GIS管理。通过GIS对森防区域的地理位置在地图上也可进行定位,明确森防区域地理位置。选中其中一个区域可进入监测点,对监测点块进行实景信息模拟,使管理者可以充分分辨信息,掌握基本数据。

③物联监控管理。包含实时数据监测、监测数据传输等功能。通过这个模块的功能可以实现虫情、环境信息的数据采集、数据传输分类、分时管理和维护,并使得系统能对不同类型的数据进行模块化维护。可独立运行,也可以综合管理,使得森防监测的建设可以按照不同模块分开建设,也可以统一建设实现方案选配。主要包括森防数据模块、虫害监测模块、性诱杀虫灯管理与控制模块。如图4-14、4-15所示。

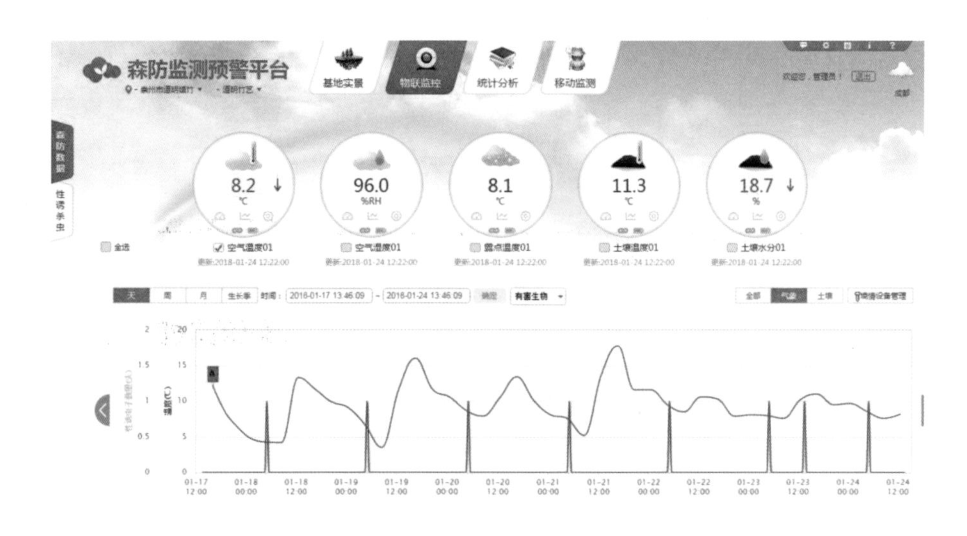

图4-14 物联监控管理

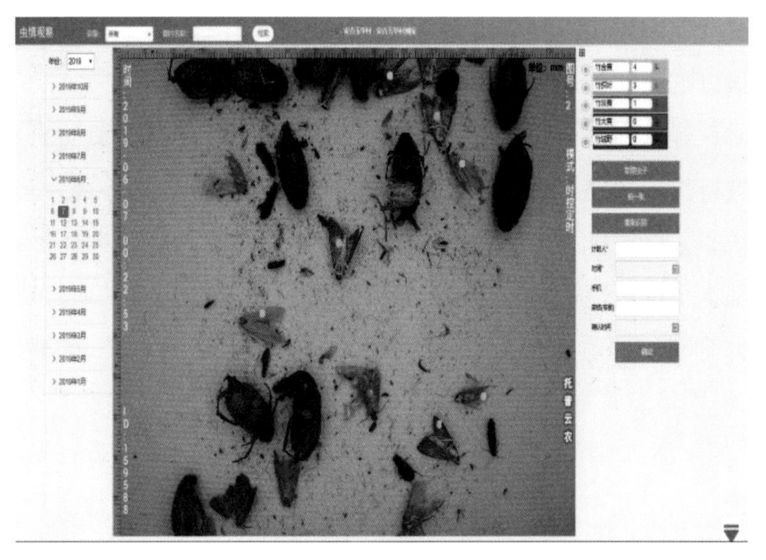

图 4-15　虫情观察

④统计分析。对各个区块内部的森防监测点位数量、各个设备点位数量，以及各个区块的基础环境信息，进行统计对比分析，形成报表。如图 4-16 所示。

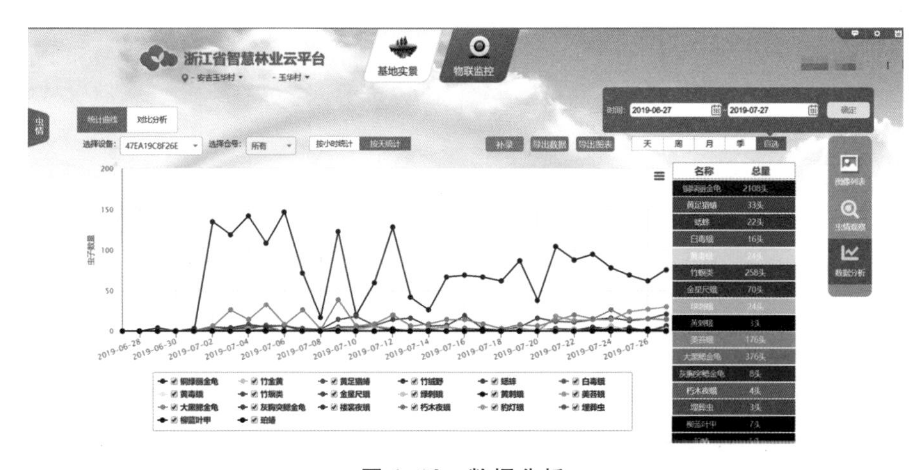

图 4-16　数据分析

⑤移动监测。对区块内部进行踏勘，通过手机对踏勘情况进行记录，上传至中心平台，对移动监测信息进行实时记录，管理端可查看工作照、生态照等信息。

⑥远程操控。可远程控制设备的工作方式、设置工作时间等，对视频设备可以远程控制其旋转、放大等功能。如图 4-17 所示。

图4-17 远程操控

⑦手机APP应用。一方面,可用手机对巡查点位的虫情等信息进行人工手机录入,上传至平台,对各监测点进行拍摄,直观地反映监测点的信息,实现移动监测,实时记录,无延迟上传。另一方面,通过手机终端APP可以随时随地查看监测区域的森防情况,及时掌握作物的生长情况、病害情况、环境气象信息,对设备的运行状况进行实时监控,远程控制相关设备。

(2)现场监测设备建设

托普云农森防监测预警云平台可通过虫情测报灯、温湿度等各类传感器和小气候监测设备对每个监测点的病虫状况、空气温度、空气湿度、露点温度等各种作物生长过程中重要的参数进行实时监测。监测数据传输回数据中心处理平台,为整体数据处理和分析做好物理基础。主要设备如下(如图4-18所示)。

虫情测报设备:利用害虫的趋光天性,对害虫进行诱杀,并利用内置超高清摄像头对接虫带的虫体进行拍照,通过3G网络即时将照片发送至远程信息处理平台,利用图像处理技术对照片进行分析处理,即可对测报设备每天收集的害虫进行分类与计数,形成数据库。虫情测报设备的先进性主要体现在图像拍摄清晰度、害虫自动识别和统计准确性、是否支持远程终端控制三方面。

性诱虫情测报设备:设备集害虫诱捕、数据统计、数据传输于一体,实现了害虫的定向诱集、分类统计、实时报传、远程监测、预警的自动化和智能化。

联网杀虫灯:又称为频振式联网杀虫灯、远程控制杀虫灯、物联网远程自动控制太阳能杀虫灯,是一种非常值得推广的新型物理杀虫工具,它发出的光亮能够诱杀区域内的害虫,达到降低农药使用量,减少农产品、土壤和水源污染的效果。可诱杀林

智能虫情测报灯

性诱虫情测报设备

联网杀虫灯

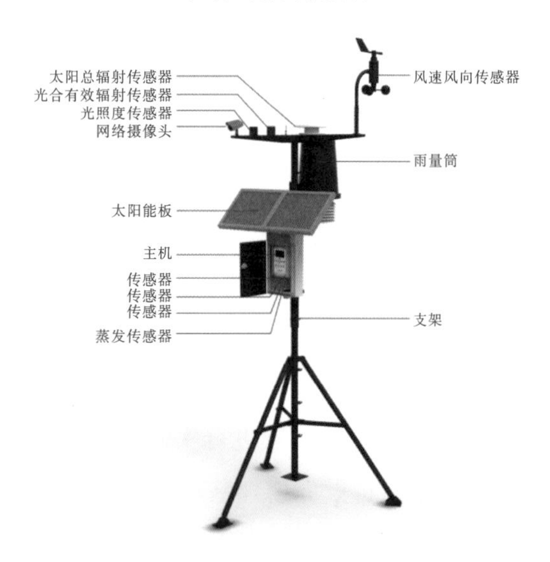

气象站设备

图4-18　常用现场监控设备

业多种害虫，如松毛虫、美国白蛾、天牛等87科1287种。据试验，平均每天每盏灯诱杀害虫几千只，高峰期可达上万只，降低落卵量达70%左右。

气象站设备：根据需要在指定区域的中心位置配置无线综合气象监测站，主要采集森防区域的气象环境指标（如空气温湿度、雨量、风速/风向、辐射）。

无人机设备：采用无人机对区域内林业有害生物进行图像拍摄与监测。

4.6 四川省“互联网+”林业有害生物防治系统的实践

4.6.1 建设背景

四川省林业有害生物监测预报工作在2008年以前以人工调查为主，手工汇总报表，通过传真、邮件等方式逐级上报。省、市、县三级分别对辖区内调查监测数据进行分析处理，再向政府、相关部门、社会公众发布林业有害生物监测预警信息并指导防治工作。整个业务流程存在涉及单位多、数据处理量大、时效性差、信息传输方式不规范、表达方式单一、核查验证手段少等缺陷，已不能满足工作和生产需要，制约了四川省林业有害生物监测预警水平的提高。

为了贯彻“预防为主，科学治理，依法监管，强化责任”的林业有害生物防控工作方针，真正实现“全面监测、及时预警、准确预报”的目标，按照《国家林业局植树造林司关于林业有害生物预防体系基础设施建设项目实施工作的指导意见》(造防函〔2005〕77号)、《四川省林业有害生物监测预报工作方案》、《四川省林业有害生物监测预报信息报告制度》、《四川省林业有害生物监测预报工作流程》、《国务院办公厅关于进一步加强林业有害生物防治工作的意见》(国办发〔2014〕26号)、《国家林业局关于开展全国林业有害生物普查工作的通知》(林造发〔2014〕36号)等文件要求，四川开发建设了“四川省林业有害生物监测预警综合信息系统”和“四川省林业有害生物普查综合管理系统”，共同构成四川省“智慧森防”信息系统。

4.6.2 总体目标

四川省“智慧森防”信息系统主要服务于省、市、县各级森防主管部门、科研院所、大专院校、社会化监测防治企业及所有林企和林农，用于林业有害生物测报、防治、检疫等工作。该系统体现了协同化办公的林业资源数据共享平台特征，是指导性、参与性、易用性、可扩展性特点突出，普及性和专业性兼顾的通用调查任务制作和发布平台；是大数据决策、智能性生产特征明显，集智慧型调查活动规划、调度、监管、评价于一体的林业调查工作管理平台；是基于移动通信技术的实时音视频、报表、报文传输和实时通信的林业调查即时通信平台；是基于TGIS的立体化感知特征明显的森防大数据监测分析预警平台；是基于移动互联网的森防有偿调查、防治物资供应和服务提供的森防社会化服务电子商务平台；是基于"互联网+"及数据共享平台的林业有害生物百科大全电子图书编辑和查询平台。

4.6.3 需求分析

4.6.3.1 以大数据平台为基础

四川省"智慧森防"信息系统在"林业资源数据共享平台"上整合了原有"四川省林业有害生物监测预警综合信息系统""四川省林业有害生物普查综合管理系统"，经过业务数据省集中、WebGIS、移动GIS、TGIS、移动互联网、森防云服务、林业数据共享服务平台、林业有害生物大数据分析等多个技术应用阶段，并将各平台的数据资源纳入大数据平台，对数据进行标准化存储与管理，最终以大数据平台为基础，利用常年积累的海量数据为我们的分析和预测工作带来实质性的依据，真正做到数据支持决策和数据资源共享。

4.6.3.2 社会公众参与采集行动

通过搭建微信公众号平台，面向全社会发布森林健康指数和风险等级，发布趋势预报，提供防治指导等信息，提高社会公众对科学防治虫害的认识，尽可能降低虫害发生的风险。同时，通过微信公众号中公众咨询和举报的便民功能，将公众提供的有效信息保存到"智慧森防"系统的大数据平台，既为社会公众开辟出一条高效的便民服务途径，又使得更多的社会公众参与到森防工作中来，扩大森防调查范围，充实调查资源，实现"人人都是测报员，时时采集大数据"的美好愿景。

4.6.3.3 日常办公自动化

利用"通用调查"APP中精准的GPS定位及轨迹记录这一特点，辅助调查人员高效、快速地完成调查任务。此外，"智慧森防"系统中各项任务的规划、管理、监督等流程均高度模拟基层和管理人员的日常标准作业流程，使各级人员的日常办公以及部门之间的沟通变得更简易、便捷，在提高办事效率的基础上，增加协同办公能力，科学优化资源配置，最大限度地保障任务完成的标准性、规范性。推动"互联网+"，能够更好地服务于我们各级人员的日常工作和管理，甚至优化我们的管理。

4.6.4 建设内容

系统包括监控数据中心、业务管理、野外数据采集、监测预警专用办公系统、公共信息服务网站五大主要功能板块，对应建设了四川省林业有害生物监控数据中心、四川省林业有害生物业务管理系统、四川省林业有害生物野外数据采集系统、四川省林业有害生物监测预警专用办公系统、四川省林业有害生物公共信息服务网站共五个子系统。

数据实现集中管理，工作数据库、现状数据库和历史数据库的数据保存更加安全，“统一框架、集中使用、适度超前、便于共享”，并可演变整个数据变化和操作过程。

结合四川省立地条件和资源背景，构建网络版林业有害生物业务管理系统，对采集到的林业有害生物信息进行汇总、处理、分析、建模、监测预报、适时预警，完成了数据整合、数据转换、规范化与标准化处理，建设了测报管理、数据统计分析、系统配置、即时通信、基础数据管理等子系统。

野外数据采集以无线通信为手段，借助地理信息系统技术、GPS技术和计算机技术，完成林业有害生物数据调查监测，让数据落实到山头地块，保障数据的真实性和时效性。

监测预警专用办公系统主要完成了文档管理、会议通知管理、专项工作管理、收发文管理、流程管理、个人办公管理等功能。

公共信息服务网站主要包括政务公开、便民服务、网站公告、科普知识、监测预警、防治药械、疫源疫病、行业要闻、地方信息、专家知识库、信息举报、工作简报等栏目以及后台维护等功能。

4.6.5 系统成果

4.6.5.1 系统特色

四川省“智慧森防”信息系统建设凸显六大创新亮点。

一是促进跨界融合。通过互联网，将科研院所、政府主管部门、林农林企、专业性监测防治社会化服务机构、林业其他协作部门的利益、能力和诉求融合，实现资源的统一协调与共享，向多部门、多行业、全民参与、协调共生、利益最大转变。

二是资源优化配置。通过系统建设，将长期以来的计划指令执行模式，创新为实时动态调度的复合形态工作模式，确保了森防调查资源的最优化配置。

三是重树森防结构。打破了原有的森防组织结构、经济结构、地缘结构和文化结构，在提高便民服务能力的基础上，充分发挥林农及基层各相关利益体的主动作用，形成“互联网+森林健康治理”模式。

四是激活人力资源。系统立足林业生产和服务第一线实际情况，互联网相关技术的综合应用，降低了基层森防工作者的劳动强度和技术难度，同时，汇聚各行业的人力和智力资源，让个人劳动价值和技术财富通过“互联网+”充分放大、激活。

五是营造开放生态。通过“互联网+林业有害生物监测防治”建设实践，把森林健康生态开放出来，把维护森林健康的诉求开放出来，把科研院所、防治企业的孤岛式创新连接起来，让研发由森林健康生态决定的市场驱动，让所有维护森林健康的参与者都有机会创造价值、实现价值。

六是后续多元连接。系统将科研院所的专业技术服务能力、科研成果和科研调查需求，林农林企的咨询，防治单位的技术需求，产品研发方向，研发资源协作，业务主管部门的统筹、规划、决策、协调能力等森防监测预警工作中所有相关信息资源和工作资源进行了有效连接，并为后续连接林业其他部门及其他行业部门预备了标准接口，为更大范围的林业“互联网+”建设实践提供了可能。

4.6.5.2 系统功能

(1)数据采集

“通用调查”APP提供精准的GPS定位，可指引调查人员快速、准确地找到调查点位进行数据采集，并将采集到的数据信息快速地填报上交。系统会自动记录调查人员的作业轨迹，作为调查人员工作进展的记录以及绩效考核的依据。在网络不好的地区，“通用调查”APP支持离线地图的预先下载以供使用。

(2)大数据平台

“智慧森防”系统将所有调查采集到的数据纳入大数据平台统一管理，以具体、大量的调查数据支撑业务分析和决策，用大数据思想指导森防工作。

(3)业务管理

“智慧森防”系统对采集到的林业有害生物信息进行汇总、处理、分析、建模、监测预报、适时预警。可筛查用户权限范围内各级地区的调查、除治情况，可最小具体到单个点位的详细信息。

(4)业务规划

“智慧森防”系统可根据各单位实际业务情况，为每个调查人员灵活分配、规划调查任务，制作需要调查人员实地填报的表单内容。

(5)收集公众平台采集数据

“智慧森防”系统可将微信公众平台中社会公众所采集上传的有效数据(包括图片、文字描述等)保存到大数据平台，以供后期使用。

(6)公共信息服务网站

主要的功能如后台维护(联系方式、栏目管理、文章类型管理、滚动公告、文章管理、工作简报、用户反馈、便民服务、友情链接管理等)。

4.6.6 应用成效

四川省“智慧森防”信息系统得到了国家林业和草原局森防总站,四川、浙江、安徽、湖北等省森防主管部门,四川农业大学等单位,以及四川林业有害生物普查工作中所涉及的各调查单位的一致好评,系统改变了工作形态,提高了调查效率,节约了调查成本,保证了调查质量。

四川省巴中市巴州区自2018年开展疫木集中治理以来,率先应用“智慧森防”系统对疫区松材线虫的除治工作给予方向的指导和战略的规划,所有疫木都采用“通用调查”APP手机端进行信息采集、除治跟踪,实行定株管理,取得了显著的成效。

应用该系统有利于掌握调查、除治、检查总体情况。疫木信息采集或除治后由手机端将相关填写表单提交到大数据平台,PC端能够查看疫木的总数、疫木地理分布情况、除治数量、完成比例、除治疫木的位置分布等信息,以便掌握疫情的总体情况,规划除治工作。

应用该系统有利于定点除治、定点检查、定点整改。除治单位根据调查点位进行定点除治,检查人员根据除治点位进行定点检查,对于不合格的除治点进行定点整改,后期再对整改后的点位进行复核,以标准化的作业流程解决疫木漏除的问题。

应用该系统有利于跟踪各项工作的动态。通过PC端的条件筛选,可以查询管辖范围内的调查、除治、检查等各个阶段工作的完成进度,以实时动态解决虚报进度的问题。同时,根据每天的数据反映出的除治数量和地理分布,省市县森防站可准确地安排下一步工作。

应用该系统有利于科学设置诱捕器、诱木。区县设置的诱木和诱捕器的位置和数量,可以直观地反映在图层数据上,方便省站、市站提出问题,便于及时纠正,有效地解决诱捕器或诱木设置不科学的问题。

应用该系统有利于数据分析。通过对年度疫木除治情况、媒介昆虫防治情况、诱捕器捕获的动态虫口密度情况的数据分析,可以预测预判下年度松材线虫病疫情发生情况,有利于各森防站提前做好防控工作。

第5章

“互联网+”林业灾害应急管理——野生动物疫源疫病监测

5.1 “互联网+”野生动物疫源疫病监测的建设背景

林业信息化发展是国家信息化发展战略的重要组成部分,要全面融入林业工作全局。国家林业局在《“互联网+”林业行动计划——全国林业信息化“十三五”发展规划”》中提出,“互联网+”林业建设将紧贴林业改革发展需求,通过8个领域、48项重点工程建设,有力提升林业治理现代化水平,全面支撑引领“十三五”林业各项建设。“互联网+”林业灾害应急管理,属于重点工程的8个领域之一,是推进林业信息化建设,同时也是推进农村信息化建设的重要举措,其中,野生动物疫源疫病监测是“互联网+”林业灾害应急管理建设的一个工作重点。《中华人民共和国野生动物保护法》《重大动物疫情应急条例》等法律法规,《陆生野生动物疫源疫病监测防控管理办法》等管理办法,都要求加强陆生野生动物疫源疫病监测防控管理,防范陆生野生动物疫病传播和扩散。国家林业和草原局发布的《2019年工作完成情况和2020年安排意见》也提到要加强野生动物疫源疫病监测防控。新型冠状病毒(COVID-19)暴发后,国家林业和草原局先后下发《突发陆生野生动物疫情应急预案》《关于加强野生动物市场监管积极做好疫情防控工作的紧急通知》《关于进一步加强野生动物管控的紧急通知》《关于禁止野生动物交易的公告》等,吹响全国林草系统战“疫”冲锋号,野生动物疫源疫病监测成为林业灾害应急管理的重点。

野生动物保护与驯养面临各种潜在威胁因素。其中,疫源疫病严重威胁所有野生动物,包括珍稀濒危野生动物和驯养野生动物的健康。野生动物疫源是指携带危险性病原体,危及野生动物种群安全,或者可能向人类、饲养动物传播的野生动物;野生动物疫病是指在野生动物之间传播、流行,对野生动物种群构成威胁或者可能传染给人类和饲养动物的传染性疾病。历史上,传染病的发生有70%左右为人兽共患传染病。野生动物疫源疫病监测可为野生动物疫病发现、预测野生动物疫病及提出疫病防控措施提供重要数据支撑。

野生动物疫源疫病监测是通过系统、完整、连续和规则地观察一种疫病在某个地区野生动物中的分布动态,调查其影响因素及迁徙路线,以便及时采取正确防控对策和措施的方法。通过监测,可以达到野生动物疫病预警预报、早发现早防治、控制疫病传播范围的目标,从而维护国家公共卫生安全、饲养动物卫生安全,保护野生动物资源。近年来,全球陆续发现了30多种新传染病和一批卷土重来的传染病,包括狂犬病、禽流感、鼠疫、艾滋病、疯牛病、登革热、非典型性肺炎、莱姆病等。这些疾病几乎都是人兽共患传染病,而且传染源和(或)传播媒介为野生动物、驯养动物。野生动物疫源疫病监测,在对新发传染病的追踪溯源和防控中都发挥了积极作用。例如,2002年11月,中国发现首例SARS病人,涉及全球32个国家和地区,近1000人死亡,经济损失1000亿美元。后调查结果显示,SARS的宿主本为蝙蝠,蝙蝠将SARS传播给果子狸,市场泛滥的果子狸将病毒传播给人导致人类感染。2013年3月底,H7N9新亚型禽流感感染人病例率先发现于上海和安徽。经调查,该病毒基因来自东亚地区野鸟和中国上海、浙江、江苏鸡群的基因重配。通过禁食果子狸、封闭活禽市场等措施,上述疫情得到控制。野生动物在传播非人兽共患病中的作用也不容忽视。2018年8月我国首发非洲猪瘟,该疾病给我国造成重大经济和社会影响,严重影响老百姓生产生活。该病虽然不感染人,但是可以感染家猪和野猪,野猪是国际上公认的可以携带并传播该病的宿主。

野生动物疫源疫病监测与疫病防治,是一项长期且艰巨的任务。一是由于野生动物疫源疫病种类多且新发病不断出现,包括上述众所周知的禽流感等重要的人兽共患疫病、新引入我国且已严重危害我国生猪行业可持续健康发展的非洲猪瘟等疫病,以及野生动物可能携带的大量变异和未知的病原体,尤其是近年来受人类活动和环境变化等影响各种新变异的野生动物病原体不断出现。二是由于野生动物疫源疫病传播渠道广,疫病可通过与畜禽直接接触,污染水源、粮食、作物等传播。迁徙动物,尤其是鸟类,迁徙及中途频繁停歇为疫病传播提供了便利。因此,野生动物疾病或携带疾病,尤其是未知动物疾病及鸟类携带疾病给野生动物疫源疫病监测带来巨大挑战。野生动物疫源疫病监测,不能局限于对已知疾病的监测,而应该建立实现以全区域为监测范围,所有野生动物为监测基础的监测系统。

因此，在现有疾病监测预警机制建设和动物防疫体系建设的基础上，利用互联网新技术加强陆生野生动物疫源疫病监测工作，建立监测预警体系，对提前预防预测疫病流行趋势，防控人兽共患病等重大疫病的传播危害，保护野生动物资源，保障饲养动物卫生安全和维护国家公共卫生而言，都具有十分重要的意义。

5.2 “互联网+”野生动物疫源疫病监测国内外现状

野生动物疫源疫病监测是野生动物疾病防控和野生动物保护的重要内容，受到国际社会的广泛关注。世界各国通过不断完善监测防控体系以增强应对能力。监测的关键在于连续获得监测范围内某种动物的数量及有关资料。监测的传统方法主要有截线法、定点计数法、遇见率法及问卷调查法等。当前，随着互联网技术的发展，新时代的野生动物疫源疫病监测充分利用移动互联网、物联网、云计算等新一代信息技术，通过物联化、大数据、专业系统等手段，形成了高效可靠的“互联网+”野生动物疫源疫病监测体系。近年来，随着计算机技术的发展，以GIS技术、GPS技术、雷达技术和数据分析技术为代表的新型技术被广泛应用于“互联网+”野生动物疫源疫病监测，国内外各界在“互联网+”疫源疫病监测领域取得了长足的进展并形成区域化信息网络。

美国早期即建立了权责清晰、监管严密的动物疫病防控管理体系，主要包括政府兽医管理部门、兽医协会、兽医教学科研机构、动物医院或私人诊所、农场（畜禽养殖场）等。国家兽医管理机构设在联邦农业部，全名为动植物检疫署（APHIS），内设野生动物保护等业务部门。美国鱼类及野生动物管理局（United States Fish and Wildlife Service，简称“USFWS”或“FWS”）负责保护和加强鱼类、野生动植物及其自然栖息地等并面向公众公开部分信息数据库，例如国家野生鱼类健康调查数据库（National Wild Fish Health Survey Database）、地理空间渔业信息网（Geospatial Fisheries Information Networks）等。2006年，美国农业部和内政部把野生鸟类高致病性禽流感监测范围扩大到美国周边国家，以此建立了一个早期的预警系统。2007年3月到2008年3月，美国鸟类协会对美国东北的鸟类迁徙进行了为期一年的监测，建立了一个信息数据库，记录和查询各个物种、种群的基本信息及其一般活动范围；建立了可视化的地理信息系统用来查询基本数据；并通过数据对鸟类的迁徙进行预测。加拿大也早已采用GIS技术、GPS技术、雷达技术等监测野生动物。瑞典等国家采用雷达、GIS等新型技术,自动相机设备与地理信息系统相互整合的技术,进行鸟类迁徙监测,鸟类高致病性禽流感监测,鸟类数量种群变化监测等,并勾绘出族群分布信息。

我国野生动物疫源疫病监测起步较晚。《中华人民共和国野生动物保护法》规定,野生动物行政主管部门应当定期组织对野生动物资源的调查,建立野生动物资源档案,各级野生动物行政主管部门应当监视、监测环境对野生动物的影响,从而奠定了野生动物监测的法律基础。自1982年全国鸟类环志中心成立以来,我国已经建立了66个鸟类环志站(点),至2005年底,已环志鸟类近120万只。《中国21世纪议程林业行动计划》中提出,建立我国森林生物多样性和野生动植物调查与监测体系,完善全国编目,实现监测手段现代化;建立与完善全国森林生物多样性和野生动植物监测中心站,各省建立监测站;建立全国统一的监测标准和方法。1995年起,林业部组织全国陆生野生动物资源调查,摸清了我国野生动物资源储量,并在此基础上建立全国野生动物监测体系。我国野生动物监测网络包括国家陆生野生动物监测中心、省级野生动物监测站和野生动物定位监测点两部分;不仅对鸟类、兽类、两栖类、爬行类等进行种群监测,还对野生动物的栖息环境、饲养状况、贸易状况等进行监测。2000年5月19日,国家林业局陆生野生动物与野生植物监测中心正式成立。2005年底,国家林业局陆生野生动物疫源疫病监测总站成立,标志着我国有组织的野生动物疫源疫病监测工作的开始。随后,各省(区、市)纷纷建立相应的野生动物疫源疫病监测管理机构。随着各省(区、市)在鸟类迁徙通道、野生动物集中分布等区域建立陆生野生动物疫源疫病监测站点,在《陆生野生动物疫源疫病监测规范》(试行)指导下开展监测,我国的陆生野生动物疫源疫病监测网络开始运行。浙江、湖南、北京、新疆等多个省(区、市)都在重点区域建立了监测点,落实了必要的监测人员,实行信息报告制度,并且采用了一些先进技术,少部分地区建立了野生动物管理信息系统。河南省建立野生动物疫源疫病监测站(点)85个,为严密监测候鸟迁徙活动,预防禽流感疫情发生和传播,对鸟类的迁徙线路,候鸟停歇地,特别是鸟类的疫病疫源种类进行监测,取得了一定的社会、生态、经济效益。2005年冬季,北京城郊设立57个候鸟监测点,监视越冬候鸟状况。监测人员每天严密监视迁徙候鸟,详细记录候鸟的种类、活动时间、地点,以及鸟粪情况。2006年,湖北省成立了湖北省野生动物疫源疫病监测中心。2005—2007年,先后建立野生动物疫源疫病监测站47个,其中国家级11个、省级16个、市县级20个,初步构建起国、省、市、县四级监测体系。随着各省(区、市)在鸟类迁徙通道、野生动物集中分布等区域建立陆生野生动物疫源疫病监测站点，在《陆生野生动物疫源疫病监测规范》(试行)指导下开展监测，我国的陆生野生动物疫源疫病监测网络开始运行，2011年全国野生动物疫源疫病监测信息网络直报系统投入试运行，为广范围、零距离采集与分析监测数据奠定了良好的基础，但还有不少环节需要优化与完善。2015年底，全国构建起以350处国家级监测站、928处省级监测站、一大批市县级监测站为骨架的监测防控网络，夯实了工作基础；落实基本建设投资和运行经费近5亿元，为监测防控工作的有序开展提供了保障；组织研发并正式启用了监测信息网络直报系统，覆盖了国家级监测站等近2000个监测机构，提升了效率。

在监测防控信息化进程上，将遥感、卫星定位、远红外、无人机监测、“互联网+”等技术应用于现场监测，将信息采集、汇总分析、远程诊断、决策指挥、应急响应、宣传教育等功能集成于信息平台。2008年，黑龙江面向对象程序设计语言Visual Basic 6.0和地理信息系统软件MapInfo及其控件MapX，开发了黑龙江省珍稀濒危野生动物地理信息管理系统，提高了珍稀濒危野生动物资源管理水平。2012年，北京市野生动物疫源疫病管理系统，采用GIS技术和关系型数据库技术将空间数据和属性数据关联，实现了北京市野生动物疫源疫病数据的共享。随着人机技术的日趋成熟，无人机作为一种监测及获取信息的重要手段，在我国的林业生产中正扮演着促进林业发展的重要角色。Gonzalez等综合无人机与人工智能技术在澳大利亚昆士兰开展了针对野生考拉的监测作业，在无人机平台上搭载热成像相机获取热力图后，利用相关算法进行计数、追踪与分类。实验结果表明，所提出的算法能够对不同尺寸和形状特征的考拉进行识别，同时该系统还具有良好的泛化能力，可以根据具体的目标对象进行设置。罗巍等基于无人机航拍影像的大型野生食草动物调查方法，于2016年7月使用在三江源地区获取了无人机影像，并采用面向对象的影像分析方法，对大型野生食草动物进行了自动识别和数量统计。该方法将可减少甚至取代部分野生动物地面调查工作，提升野生动物调查的效率和精度，标志着新型技术应用于林业信息系统的整合应用又更进一步。

5.3 “互联网+”野生动物疫源疫病监测需解决的主要问题

野生动物疫源疫病监测还存在很多问题，建设“互联网+”野生动物疫源疫病监测系统，需要将互联网技术与野生动物疫源疫病监测相结合，发挥互联网技术的优势，构建系统化、高效化的野生动物疫源疫病监测体系，解决野生动物疫源疫病监测数据采集、数据分析、数据应用上的难题。

5.3.1 存在问题

5.3.1.1 野生动物疫源疫病监测基础数据的积累

当前的疫病监测对象比较明确，却不能弥补基础数据的采集不足造成野生动物疫源疫病无法深入研究的问题，研究深度不够，使得野生动物疫源疫病监控工作难以深入开展。目前，关于野生动物疫源疫病的研究成果并不多，疫源疫病监测的方法也存在不足，对于疫源疫病的预测判断也多以人工经验为主，缺乏客观科学判断，无法进行及时预报和防治。需要加强监测站点投入，提高监测采集数据积累，吸引社会学者自发投入野生动物医院疫病监测研究，改善疫源疫病监测方法，将现有3S技术、物联网技术真正应用到野生动物疫源疫病监测日常工作中，提高监测准确度及效率。

5.3.1.2 野生动物疫源疫病监测体系的完善

目前的监测站分布存在局限性，每个监测站的配置不一，监测站人员专业程度不一，监测站设置无法全面覆盖，监测网络、疫情报告制度和预警落后，经费短缺，技术力量薄弱，仪器设备匮乏，造成监测站工作开展存在难度，野生动物疫源疫病工作推进困难。需要加强监测站的基础设施建设，配备必要的监测工具、防护药品，应用疫源疫病监测信息传递的专用软件，组建专用信息系统，提升远程监控、远程识别和远程诊断等监测能力。在省级动物防治疫病指挥部的协调下，充分整合林业系统与畜牧兽医部门的相关资源，建立野生动物疫源疫病监测长效机制。充分发挥省级野生动物突发事件应急处置专家咨询组的作用，提供野生动物和畜牧兽医等多学科、多领域的专业技术咨询和决策咨询，指导全省陆生野生动物疫源疫病监测与防控工作。要充分利用科研院所的力量，加强现有监测人员的培训工作，提高监测水平和预警能力，大力推进监测队伍专业化建设。

5.3.1.3 野生动物驯养繁殖单位和经营利用场所的监管

野生动物驯养繁殖经营利用场所的疫源疫病监测工作落后。野生动物驯养繁殖和经营利用过程也是人兽共患病传播的重要渠道。野生动物产业发展很快，要按照相关规定，督促落实动物防疫措施，确定防疫监管责任人，经常性检查、督促和掌握驯养繁殖和经营利用单位的防疫情况，切断人兽共患病传播的重要途径。

5.3.1.4 野生动物疫病传播领域的深入研究

目前有关野生动物的疫病传播领域的研究不够深入,完整的科研体系尚未建立,需要开展野生动物疫病传播相关课题的调查研究,提升野生动物疫源疫病应急处置能力。造成严重危害病原体的野生动物(主要是兽类和鸟类)的分布、数量和生活习性等行为生态和种群生态学方面的研究不足,各级监测站点、监测路线的布设,确定最佳的监测时间和频度等具体监测行为缺乏科学基础。需要开展野生动物资源的专项调查,进一步摸清野生动物的分布情况、活动范围和迁徙规律,确定野生动物疫源疫病监测与防控工作的重点对象和区域范围。对野生动物有选择性地进行采样和初步检测分析,进行病原学、血清学监测,在此基础上建立样本数据库,作为分析和预警野生动物疫情发生和发展趋势的科学依据。

5.3.2 发展趋势

5.3.2.1 基于物联网的实时化数据采集

野生动物疫源疫病监测的目的是动态掌握野生动物时间分布、空间分布和群间分布,及时发现患病与死亡野生动物,掌握重要动物疫病流行趋势,对疾病及时主动预警预报,从而迅速采取应急措施和疾病防控措施,预防或控制疾病。高效及时地进行动物和疫病相关数据采集是关键。野外具有面积大、自然环境复杂等特点,结合野生动物疫源疫病监测系统的实际应用场景和监测站已有的基础设施建设情况,以人员调查、卫星遥感和红外摄像视频图像监控为主,采用无线野外数据采集仪采集数据,建立移动化、实时化、远程化数据采集系统,实现实时监测和管理野生动物疫源疫病发生的地理位置、疫源疫病信息、野生动物信息、驯养动物信息等,并实现同步数据网络共享。

5.3.2.2 基于大数据的疫源疫病监测数据挖掘

通过实时化数据采集,野生动物疫源疫病监测积累了大量时间连续的各种野生动物个体和群体监测数据,包括驯养动物相关数据、候鸟监测数据、其他野生动物监测数据、动物疫病监测数据、气象数据、人工调查数据、监测站点信息、图片、GPS数据等相关信息。这些数据具有体量巨大、增长速度快、类型多样、真实且价值丰富、结构性不很强等特点,应用大数据技术对其分类分析处理,结合野生动物驯养繁殖和经营利用场所监管数据及其他社会类、经济类大数据进行数据挖掘,以实现高效的野生动物疫病预警预报、疾病发病趋势预测等功能。大数据技术为野生动物疫源疫病监测和预警提供了新的方向。通过互联网将野生动物相关数据进行整合，利用数据挖掘技术分析，可以动态了解监测疾病的发生状况，进而及时对可能的疾病危险提出预警和做出反应，大大提高了疫源疫病监测效率。

5.3.2.3　基于人工智能的疫病防控决策与应急处理

在基础数据库、模型库、预案库和辅助决策库基础上，结合物联网、GIS、GPS、遥感、移动互联网，实现野生动物疫源疫病防治辅助决策与应急指挥，具体包括现场流行病学调查，现场临床诊断和实验室检测，加强疫病监测，对封锁、隔离、紧急免疫、扑杀、无害化处理、消毒等措施的实施进行指导、落实和监督，信息发布等。将知识图谱技术、人工智能技术等运用在野生动物疫源疫病监测管理中，通过建立智能模拟系统，模拟野生动物疫源疫病传播路线、接触人员画像等，对各种野生动物疫源疫病情况进行预测、判断、分析，智能判断疫源疫病情况，进行智能筛选和智能推送，为野生动物疫源疫病防治提供帮助。

5.3.2.4　基于"互联网+"的数据共享与业务协同

建设"互联网+"野生动物疫源疫病监测系统，基于互联网将野生动物疫源疫病监测系统对接相关公共服务平台，实现全国野生动物疫源疫病监测数据共享与业务协同。把互联网的创新成果与野生动物疫源疫病监测管理深度融合，推动技术创新、流程优化、效率提升，以优化服务为核心，以共享协同为重点，以优化流程为关键，以技术创新为支撑，提供覆盖全生命周期、全流程、全天候、全地域的野生动物疫源疫病监测服务。需要强化各省(区、市)监测总站数据共享能力，避免信息孤岛，数据割据，业务隔绝。着力培育数据共享、业务协同机制，强化业务协同联动，打破信息孤岛，推动信息互联互通、开放共享，发挥数据流在野生动物疫源疫病监测与服务过程中的基础性作用，使共享协同在提升野生动物疫源疫病监测管理能力，提高野生动物管理、优化政策等方面发挥重要作用。

5.4　"互联网+"野生动物疫源疫病监测建设内容

"互联网+"野生动物疫源疫病监测建设主要针对野生动物疫源疫病监测，运用物联网、移动互联网、大数据等技术，建设数据采集与传输系统、数据分析系统、服务和应用系统，推进野生动物疫源疫病监测效率和准确率，有助于快速预测疫源疫病传播路径，进行应急防控。

5.4.1 数据采集系统

“互联网+”野生动物疫源疫病监测建设的目的是对监测区域的野生动物资源、异常情况实现智能化、实时化监测，当异常情况发生时能够第一时间发现并采取处理措施，并通过GIS、可视化技术等为野生动物疫病防治提供技术支持，从而能够在疫病发生早期发现和采取应急措施，降低疾病传播风险。

(1)硬件系统

移动终端：手持PDA、手机、Pad等硬件，含操作系统版本、网络制式、导航、摄像头、视频等。

服务器端：操作系统、内存、数据库建立所需硬件。

(2)软件系统

数据导入转换：将Excel等其他格式的数据源中的数据导入数据库，标准化数据格式。建立多维数据集，对数据仓库中的数据进行自定义组合抽取。

手动或自动采集定位野生动物信息：在各调查区域的野生动物保护、经营等单位中采用GPS跟踪，观测的同时记录数据，采集到野生动物疫源疫病地理位置、疫源疫病信息等在地图上显示，进行精准监测和管理。

数据采集同步共享：系统对数据进行分析并同步将数据在网络共享，实现实时监测野生动物的种类、分布和收集疫病的目的。

5.4.2 数据分析系统

数据分析系统基于移动互联网技术、计算机图像处理技术和大数据分析技术进行疫源疫病监测数据分析，对获取的监测数据、文字或图像数据等进行分析。

5.4.2.1 数据处理

通过设置清洗规则，对无效数据、空值、重复数据、残缺数据、异常数据等“脏”数据进行纠正和转换。

5.4.2.2 数据模型

数据计算模型建设包含建成数据分析集成算法库，涵盖常用的机器学习、数据挖掘方法：分类、回归、聚类、推荐、神经网络等。

在知识库及数据分析集成算法库的基础上，进行数据计算模型建设，包括鸟类迁徙模型、野生动物行为分析模型、野生动物疫源疫病趋势变动预测模型以及智能推荐模型等的开发、建设。

5.4.2.3 图像识别

对采集到的野生动物数据进行图像识别,智能分析野生动物类型及疫源疫病类型。

5.4.2.4 异常预警

通过"钻取""猜想""求证"式的数据探索,可以实现对指标的逐层细化、深化分析,将采集的数据形象化、直观化、具体化,直观地监测数据运行情况,并可以对异常关键指标进行预警和挖掘分析。

5.4.3 服务和应用系统

在"互联网+"野生动物疫源疫病监测系统建设方面,联动了数据采集端、系统端,提供野生动物疫源疫病实时监控、疫病预警预报等功能。服务与应用系统建设内容包括:

(1)野生动物资源调查报告

实时呈现野生动物种类、数量,以及其时间、空间分布情况。

(2)野生动物监测报告

实时呈现基层监测点或巡查的GPS轨迹和监测数据,并按机构设置分层查看各级汇总数据、GPS数据、病或死动物数据。基础数据和分析数据均可根据数据上传的不同时间段(日、月、年等),或者不同选择区域和选择动物群体来提取与呈现。

(3)实验室检测报告

实时呈现野外样本采集数据,包括采集血液、组织或脏器、分泌物、排泄物、渗出物、肠内容物、粪便或羽毛等的时空信息,以及检测结果与分析信息。根据属性筛选动态呈现疾病频率动态分布。

(4)主动预警预报

预测野生动物疫源疫病发生风险,以对疾病发生风险升高的群体、地区或时间等提出突发状况应急方案。

(5)数据可视化

快速整合系统数据,全面驱动决策升级;实时数据引擎,实现准实时,甚至分钟级实时数据的更新展示及复杂计算与分析;拖拽式操作自由布局,数据大屏采用拖拽式操作；近百种可视化图表类型，涵盖柱状图、双轴图、漏斗图、帕累托图、行政地图、室内地图、迁徙图等；数据交互动态分析，支持钻取、联动等动态分析操作，一键点击、即可层层剖析数据，发现问题根源。

(6)数据共享与接口

具备标准接口，对接相关公共服务平台、全国野生动物疫源疫病监测系统，使数据共享与业务协同。

5.5 浙江省“互联网+”野生动物疫源疫病监测系统的实践

5.5.1 建设背景

2005年4月，浙江省开始野生动物疫源疫病监测工作，建立了一批监测站，初步形成了浙江省野生动物疫源疫病监测网络。各监测站通过固定监测点和巡逻线路的监测，观测野生动物行为，记录野生动物种类、数量及其异常行为，并按照国家林业和草原局的有关规定，定时报告野生动物监测信息。根据《重大动物疫情应急条例》和《陆生野生动物疫源疫病监测规范(试行)》，结合本地实际，及时制定出台了《浙江省陆生野生动物突发事件应急处置预案》《浙江省陆生野生动物疫源疫病监测注意事项》等一系列制度，使陆生野生动物疫源疫病监测工作逐步走上制度化、规范化的轨道。2007年，浙江省野生动植物保护管理总站联合浙江农林大学研制了“浙江省野生动物疫源疫病管理系统”，并于2009年初上线运行，已运行10余年。

5.5.2 总体目标

通过对整个监测体系的规划，目的是促进以下目标的实现：

完成野外监测体系建设，消除监测盲区。

通过野生动物携带及其受侵染病毒样品的采集和对野生动物疫病的普查、流行病学监测，初步掌握高致病性病毒的基本情况，以及野生动物与人类之间、野生动物与野生动物之间、野生动物与家禽家畜之间主要传染性疫病的基本情况。

通过对主要野生动物和鸟类的观测，掌握野生动物迁徙规律，为分析研究野生动物疫源疫病的传播方向和动态规律提供依据。

通过信息系统对收集数据和信息的分析，实现对野生动物疫病的发生及其传播的可能性、范围和危害做出预测预报，向有关单位或部门及时通报疫病情况，服务于动物防疫、卫生安全等工作。

5.5.3 需求分析

5.5.3.1 监测对象的选定

根据国家林业和草原局《陆生野生动物疫源疫病监测规范》(试行)规定，监测范围包括:作为储存宿主、携带者能向人或饲养动物传播造成严重危害病原体的野生动物，主要是兽类和鸟类;已知的野生动物与人类、饲养动物共患的重要疫病，对野生动物自身具有严重危害的疫病，在国外发生、有可能在我国发生的与野生动物密切相关的人或饲养动物的新的重要传染性疫病，突发性的未知重要疫病。主要包括鸟类的细菌性传染病、病毒性传染病、衣原体病、立克次氏体病;兽类的细菌性传染病、病毒性传染病及其他可引起野生动物发病或死亡的不明原因的疫病、国家要求监测的疫源疫病。

5.5.3.2 监测体系建设

建立陆生野生动物疫源疫病监测体系，全面系统开展野生动物疫源疫病调查、监测和研究，实现对重大传染性疫情动态和趋势的预测预报，将疫病控制在最小范围，将疫病可能造成的生态失衡、经济损失和对公共卫生安全带来的危害降到最低限度。

(1)本底调查

在管辖范围内开展野生动物疫源疫病本底调查，调查掌握自然疫源地、重要的人与家禽家畜和野生动物共患疾病的野生动物宿主范围及易感动物种类等基本情况，收集掌握国内外野生动物疫病的种类、发生、流行及危害状况等基本信息和样本。

(2)动态监测

对重要的野生动物疫源疫病进行定期监测，加强野生动物患病或死亡病例的样品收集，对主要监测物种进行定期的取样监测鉴定，全面、准确、及时地掌握疫病流行动态变化，为预测、预报工作提供基础信息。

(3)样品采集

全面开展对珍稀濒危野生动物疫病的监测监控，进行重点样品的采集，随时了解珍贵、濒危野生动物携带和受侵染病毒状况，为尽早发现疫源疫病提供第一手资料，同时做好样品保存工作，满足相关科学研究对分离和检测病毒的需要。

(4)开展研究分析

开展野生动物疫源疫病分析研究，制订野生动物疫源疫病调查方案和实施细则，统一样品采样、分析、检测鉴定技术标准和操作规程。针对流行病学调查和经常性疫源疫病监测过程中发现的一些未知情况,开展重要野生和人工繁育野生动物疾病病原学、病原生态学、诊断检测技术、综合控制技术的研究,为有效地预防和控制野生动物疫病的发生和流行提供科学的依据。

(5)建立野生动物疫源疫病信息库为分析和预测预报提供依据

建立疫病信息数据库,可加强数据的横向、纵向交流,保证研究机构和行政主管部门在第一时间获取各种信息,及时把握疫情动态变化,对疫病可能蔓延的范围和潜在的危害进行综合评估,及时提出预测、预报信息,为制订危害野生动物安全和人民健康的疫病防控措施提供依据。

5.5.3.3 监测系统功能

主要包括站点管理、实时监控、疫情处理、空间分析、辅助决策、数据管理、专题图、查询统计、系统管理等,如图5-1所示。

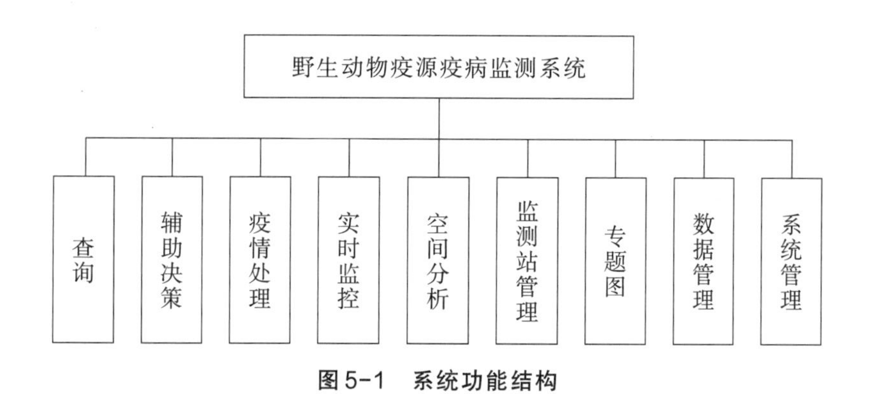

图5-1 系统功能结构

5.5.4 系统架构

5.5.4.1 设计原则

可行性和经济性。在不突破项目预算的前提下,充分利用现有网络资源、硬件资源和其他相关资源,尽可能地选用当今先进的方案、技术和产品,以有限的资金投入,达到最佳性能价格比和最优平衡点,最大限度地发挥投资的社会效益与经济效益,以最佳途径切实可行地提高档案的现代化管理水平,提升社会和个人的服务水平。

模块化和标准化。项目采用模块化的系统架构,与其他系统实现平滑连接,保证各个模块的松散耦合,并且提供方便的集成平台管理。模块间应采用标准化的数据包进行交换,做到可参数化配置,能够适应需求调整和应用范围的扩大,各种关键数据可以进行灵活的配置而不需要修改系统源码，具有开放性、扩展性和易于二次开发的特性。

先进性和实用性。项目要求采用标准的、开放的、技术成熟的、先进的应用集成技术进行系统建设。系统应充分吸取和利用先进成熟的、富于生命力的技术成果，使其安全高效，功能完善，结构合理，易于扩展，高度自动化，充分考虑到系统今后纵向和横向的平滑扩张能力。

实用性和规范性。项目应以业务需求为主导，以完整地实现系统预期功能为目标，无论是在实施方案规划、应用平台构建、功能模块设计还是在产品选型方面必须做到能够满足档案管理的核心业务逻辑需求和实际运作情况，力求专业而实用，具备更高的工作效率和可操作性，具备正确、及时、完善的信息采集、处理和管理、综合利用、统计分析等强大处理能力。系统设计要参照或遵循专业技术标准、通用业界标准和档案管理实际需要，在业务规范、业务流程、数据格式、保密性能等方面确保系统使用既方便又安全，既规范又灵活。

灵活性和可扩展性。系统要有足够的灵活性与可扩展性，采用流行的模块化结构设计思想，能通过自扩展的方式适应信息的变化，便于扩展升级、延长系统的生命周期。加强可移植性与接口规划，提高效率和缩短开发周期，在业务需求变化时能在最短的时间内实现新的需求。在增加新的档案类型时不需要重新开发，系统通过简单的设置(通过应用系统的自定义功能来完成)就能够继续运行和管理档案。

安全性和可靠性。考虑信息系统等级保护的管理和技术要求，应提供完善的安全保障体系，确保应用系统与数据运行安全可靠。项目必须在信息的处理、存储、管理、分类、安全分级和授权查询方面提供安全、有效、统一、细致的权限管理、身份认证和审核机制，确保系统安全，确保信息的原始真实性；提供完善的数据备份方案以及集中的系统监视与系统日志，使运行状态一目了然，有完善的事后监督记录文件。采取稳定可靠的信息传输手段、存储方式、运行环境和安全保证是系统成功的关键。同时为数据和系统提供严密的备份机制和灾难恢复机制，充分保证系统和数据的安全可靠性，保证整个系统在发生外界干扰、用户操作失误及其他局部环境影响时，仍能正常工作。

易维护性与易操作性。系统要有较好的易维护性和较低的维护费用，操作简单、直观，操作界面以符合用户的使用习惯为出发点，界面美观、功能键统一。在每个功能模块主界面中应统一采用实体流与信息流之间相关联的方式，显示出信息处理过程和管理过程之间的关联,使用户对相应功能和业务流程一目了然,轻松地完成系统操作。

开放性和兼容性。项目坚持开放性,软件体系结构、网络协议、传输介质、通信方式和接口等方面都应遵循国际、国内标准;支持标准数据交换格式,保障在将来较长时间内可以达到通用的目的。系统架构中各层应采用成熟的、符合技术标准、综合性能较好的Web中间件和数据库产品,适应于Unix、Windows、Linux等操作系统平台;应用程序不依赖任何特定硬件设备、操作系统、中间件,系统构建灵活、简明。合理分配和控制系统资源,性能稳定,运行高效。

5.5.4.2 总体架构(如图5-2所示)

(1)四大层次

基础设施服务层IaaS:基础设施服务层是支撑平台,包括机房、网络、主机、储存、备份设备、系统软件等信息系统运行的物理场所,以及信息资源建设的工作环境,是系统正常运行所必需的基础设施。

数据服务层DaaS:即信息资源库,它是系统的核心,包括地理信息数据、疫情疫

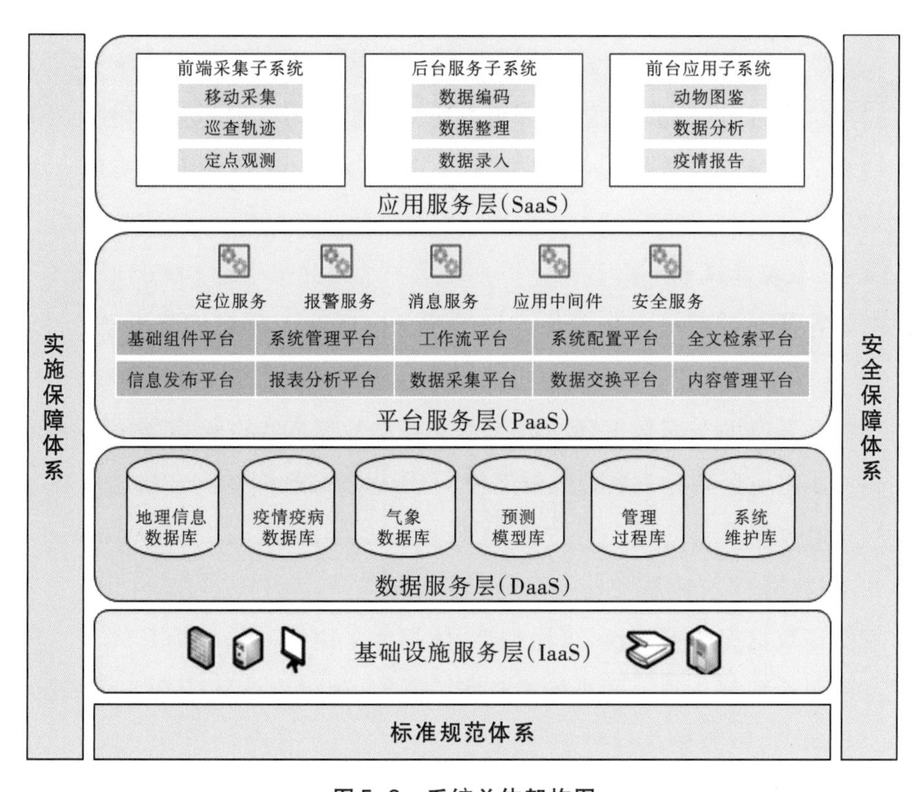

图5-2 系统总体架构图

病数据、气象数据、预测模型库、管理过程库、系统维护数据库等。

平台服务层PaaS:包括基础组件平台、系统管理平台、报表定义平台、系统配置平台、应用安全平台等多个平台,为应用系统提供支撑。架构在平台上的应用系统一方面可以缩短开发周期,降低系统建设风险,另一方面可以提升系统的性能和稳定性。

应用服务层SaaS:包含前端采集子系统、后台服务子系统、前台应用子系统。

(2)三大保障体系

标准规范体系:标准规范体系是信息系统建设的指导方针,也是数据交换和共享的基础。本项目将在遵循国家档案局以及地方标准的基础上制订数字档案馆各项业务标准和管理规范。

安全保障体系:完善的安全系统是应用系统成功实现的保障。系统安全保障体系包括网络安全、系统安全、数据库安全、信息安全、设备安全、信息介质安全和计算机病毒防治等各个方面。

实施保障体系:系统建设的同时,应从组织机构、人才、资金、标准化体系和项目管理等方面保证项目的顺利实施。

5.5.4.3　系统结构

GPS数据、遥感影像、调查数据、地形数据、新调查数据等组成系统数据库,进行时间空间单位核对、空间数据提取、调用方法库分析空间数据,空间属性数据在系统中进行展现。系统通过数据匹配、数据关联、数据采集、轨迹跟踪等实现应用(如图5-3所示)。

5.5.4.4　数据库设计

数据的存储与管理是整个系统设计的基础。监测人员根据野生动物的情况特点,记录发送存储到数据库中。数据分为图形数据和属性数据,两者共同完成对野生动物的描述。系统的空间数据库应以大型关系型数据库为存储容器,将图形数据和属性数据一体化地存储到关系型数据库中,利用标准数据库访问方法访问数据库,管理、维护、获取数据。

(1)空间数据

为了保证数据库的一致性、可操作性,数据库采用统一的坐标系、统一的编码体系和统一的属性数据。统一的坐标系是指,无论是地理坐标系还是平面坐标系都要求统一,以保证地物要素的连续。统一编码体系是指,相同的地物要素用相同的编码,否则数据库间、图幅间会出现无法接边的逻辑错误。统一属性数据是指相同的地

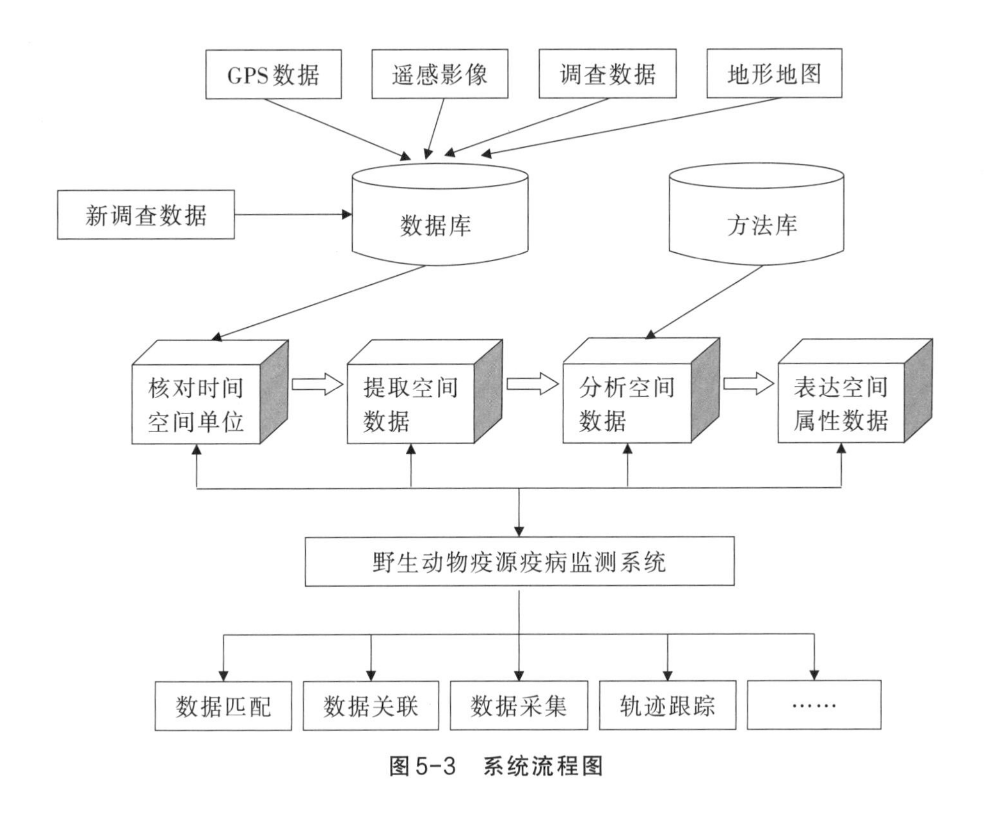

图5-3 系统流程图

物要素在不同比例尺上有不同的表示方法,但应有相同的属性。

根据内部系统维护和外部用户需求分别建立内部和外部元数据。在外部元数据的基础上,内部元数据增加数据字段描述、专题地图描述、图层风格描述等面向系统管理的内容。

为了保证元数据的统一性和减少数据冗余,在元数据项的定义中增加类别定义,以便内部和外部元数据共享相同的数据内容。

基础空间信息:包括系统中的基础地理数据、疫源疫情相关信息、气象数据等。涉及到多种数据源的空间数据以统一的空间坐标系统方法管理,方便各种数据间空间分析、统计、图形切换等操作。

中间空间信息:在基础数据信息基础上对数据进一步挖掘,获取中间空间信息。

高级空间信息:疫情疫病范围结果,包括专题图和报表等。

(2)属性数据库设计

属性数据由各级监测站上报,统一进行数据编码、整理和录入,建立野生动物疫源疫病监测信息属性数据库。

5.5.5 建设内容

5.5.5.1 监测点建设

(1) 机构设置

①站址选择。浙江省现有的陆生野生动物疫源疫病监测站是在野生动物资源调查的基础上,根据以往的经验及《陆生野生动物疫源疫病监测防控管理办法》按以下条件建立的,突出野生动物区域特点:

野生动物物种集中分布区或集中驯养繁殖场所;

野生动物重要栖息地;

野生动物迁徙通道中重要的食物补充地;

人口密集分布区和野生动物重要栖息地的结合区。

②监测任务。围绕野生动物疫源疫病野外监测的目的,其具体任务有:a.根据《陆生野生动物疫源疫病监测技术规范》(LY/T 2359—2014),在本辖区内对特定野生动物物种的活动开展监测。b.对野生鸟类迁飞通道、迁飞停歇地和动物集群活动区等重点区域开展疫情监测工作,及时准确地掌握鸟类迁飞、动物集群活动等情况(即从哪里来,何时来,到哪里去,何时走,有哪些种类、数量等)。c.开展巡护,制止无关人员、畜禽进入上述区域与野生动物接触或从事其他干扰活动。d.对鸟类和其他动物异常死亡或疫病开展消毒、采样和报检工作。e.野生动物疫源疫病监测信息上报。

野外监测需要上报的信息内容有:a.监测区域内和周边地区野生动物的种群动态。b.监测区域内和周边地区野生动物的发病、非正常死亡情况。c.监测区域内和周边地区野生动物行为异常、外部形态特征异常变化,或种群数量严重波动等异常情况。

(2)野外监测

①监测方法。在监测方法上,积极开展"五个结合":一是定期监测与常年监测相结合;二是野外野生动物行为观察与驯养繁殖经营利用场所卫生及防疫检查相结合;三是重点区域定点监测与野生动物活动范围流动巡查相结合;四是国家级站、省级站和市县级站点监测相结合;五是专业监测与群众监测,尤其是与资源管护人员、野生动物保护工作者、鸟类环志工作者等人员监测、群众举报相结合。野外监测要做到"勤监测、早发现、严控制",在第一时间发现异常情况,在第一现场控制。

②异常处置。当前,由于各监测站的技术力量不足,在监测过程中或接到当地群

众报告有关野生动物异常死亡或发生异常疫情时，都只能在第一时间采取隔离措施，并报当地农业畜牧部门，由农业畜牧部门采样、尸检或取走尸体进行进一步的试验，当地畜牧部门对野生动物尸体和化验结果负责，然后由各监测站对现场进行消毒处理。整个过程及处理结果形成监测信息报告上报省级管理部门。

(3)监测信息报告

监测信息报告是指各级监测站点将监测工作中发现的野生动物行为异常和异常死亡情况、采样信息与疫情上报。监测信息处理是指对监测站点报告的监测信息进行分类汇总、分析，得出信息处理结果或疫病的传播扩散趋势分析报告的过程。按国家林业和草原局《野生动物疫源疫病监测规范(试行)》规定，信息上报分日报、月报、年报和快报。

①日报是由监测总站根据监测工作需要，规定在某一时期内实行的每日零报告制度。各监测站点将当日日常巡查和定点观察中所获得的监测信息，每日向所在地的省级管理机构报告。省级管理机构统计汇总分析各监测站点的监测信息后，按规定时间及时向监测总站报告。监测总站根据各省级管理机构的日报信息统计汇总分析后，在规定时间内向国家林业和草原局报告。

②月报是各监测站点将上月日常巡查和定点观察中所获得的信息，在每月的3日之前，向省级管理机构报告。省级管理机构汇总后于每月5日前，报告监测总站。监测总站将全国汇总分析结果于每月10日前报国家林业和草原局。

③年报是各监测站点于每年1月5日前将上年全年工作总结、疫源疫病监测汇总年报表，向省级管理机构报告。省级管理机构于每年1月10日前将全年工作总结、疫源疫病监测汇总年报表、疫源疫病分析，报监测总站。监测总站将各单位的监测总结和分析报告汇总后形成全国的监测工作总结和分析报告，于1月20日前报国家林业和草原局。

④快报是各监测站点发现野生动物大量行为异常或异常死亡等情况时，必须立即组织两名或两名以上专业技术人员赶赴现场，进行流行病学现场调查和野外初步诊断，确认为疑似传染病疫情后立即向当地动物防疫部门报告，并在2小时内将“监测信息快报”报送监测总站，并同时抄报省级管理机构和当地林业主管部门。省级管理机构在收到各监测站点“监测信息快报”后，应在2小时内汇总报送监测总站。监测总站接到“监测信息快报”后，应在2小时内向国家林业和草原局报告。

5.5.5.2 应用系统建设

(1)前端采集子系统

前端采集子系统主要负责每日监测数据、巡逻GPS数据、野外样本数据、报检记录数据、野生动物的图片视频等信息,并通过图片或视频等将信息传送到后台服务子系统。如图5-4所示。

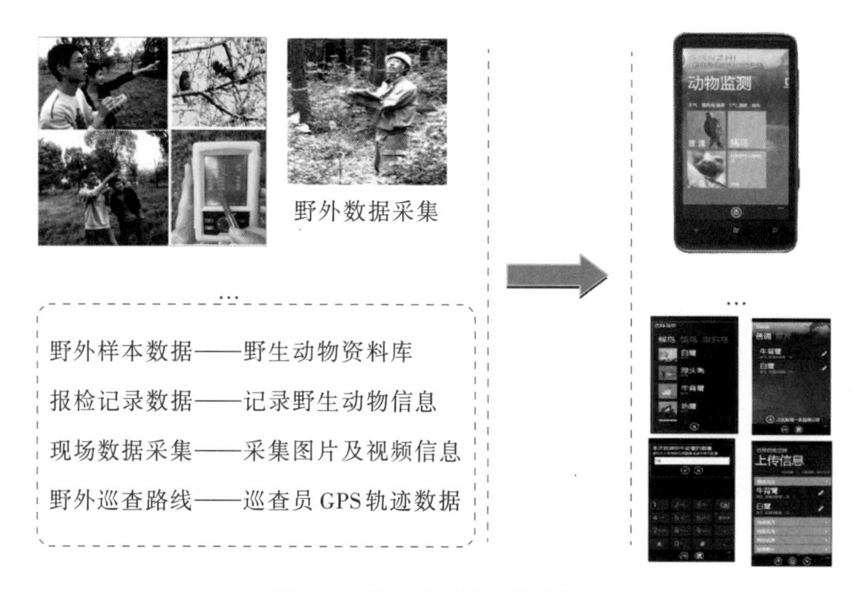

图5-4 前端子系统功能介绍

前端无线野外数据采集仪是基于ARM处理器和WinCE 操作系统的嵌入式手持平台,支持嵌入式手持系统中的矢量地图存储和快速显示。监测人员在野外监测过程中通过带GPS功能的PDA移动设备实现数据的数字化采集,动态定制数据采集信息,并将采集到的监测数据传输到支撑浙江省野生动物疫病疫源监测系统的后台服务器。监测人员基于GPS记录巡护路径,将采集数据、采样位置信息、采样图片基于地理信息系统可视化展现,有效地支持了野外监测工作,避免了传统的纸质记录破损、遗失而导致的数据丢失。

野外监测采取点面结合的监测方式,分线路巡查和定点观测两种方法开展监测工作。a.线路巡查。根据野生动物种类、习性及当地生境特点科学设立巡查线路,定期按路线进行巡查。b.定点观测。在野生动物种群聚集地或迁徙通道设立固定观测点进行定点观测,并对监测信息报告有严格的要求,浙江省的鸟类疫源疫病监测体系已逐渐形成。现全省国家级、省级监测站共设定巡查线路485620公里,每个点每天观测1~3次，每天观测时间40.2小时，平均每个点观测0.78小时。

（2）后台服务子系统

后台服务子系统一方面存储、管理前端数据采集子系统提交的多源数据，另一方面为前台应用子系统提供包括安全认证机制、数据服务、分析服务等一整套标准化接口，同时，后台服务子系统与全国野生动物疫源疫病监测系统自动对接，并及时把浙江省野生动植物保护管理总站监测信息发往国家系统。

数据由各级监测站上报，统一进行数据编码、整理和录入，建立野生动物疫源疫病监测信息属性数据库。数据产生单位有效地管理、组织和维护数据，提供有关数据内容、质量等方面的基础信息，便于用户比较不同的资料，确定所需信息，以便用户查询和检索信息，以及进行数据处理和转换。

为了保证数据的一致性和完整性，方便用户采集数据，本系统提供编码管理，即行政代码表、物种编码表和企业编码表。后台数据库主要包含：

①地理信息数据：地理信息包括地图及内部各个监测站点位置、相关DEM及属性数据等。

②疫情疫病相关数据：主要包括报告时间、地点、症状描述、初检结论、异常动物情况，如详细记录样本图片、采样地点及坐标、生境特征、样本类别及数量、包装种类、来源及免疫情况、与其他动物接触情况、疫病特征、迁徙路线、现场处理情况等调查数据。

③气象数据：气象数据是以空气为媒介进行传播的疫情疫病监测的重要参数，单独作为一类提出，以全国气象站点日数据为主，记录日晴雨情况、最高温度、最低温度、风向风速等气象信息，并根据需要计算生成月数据、年数据。

④用户信息：记录用户注册信息、角色信息及历史浏览信息等。

（3）前台应用子系统

系统是一个基于省域范围实施野生动物有效监测的规范化管理系统，采用数据分散采集、集中存储与管理模式，实现各级监管部门及时、实时地进行野生动物监控以及数据的统计与分析的目标。主要包括九类功能，分别是：疫情监测报告、疫情查询、监测信息快报、野外样本采集、报检记录、监测站疫情监测报汇总、动物图鉴、站点管理和数据分析。

①疫情监测报告：基层监测点定点或巡查并上报监测情况，其中包括巡查人员的GPS巡查路线。地方监测站汇总辖下各监测点数据，检查数据的合法、合理性，检查

GPS轨迹图(如图5-5所示),判断数据的有效性。省级总站汇总各地方监测站数据。可以按机构设置分层查看各级汇总数据、GPS数据。操作员凭当天提供的采集信息,核对其数据后,把"监测点疫情监测报告单"录入系统。

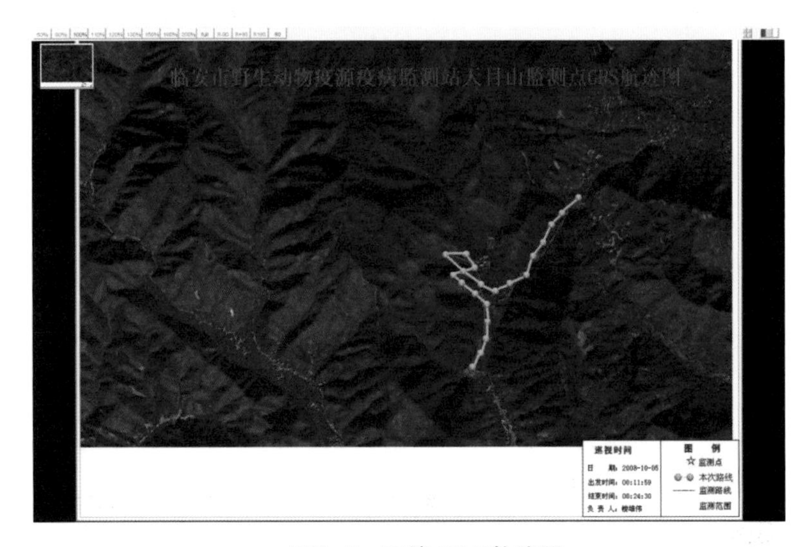

图5-5　系统GPS轨迹图

②疫情查询:根据条件查询出监测点报告单的信息(如图5-6所示)。

图5-6　疫情查询

③监测信息快报:当发现有病、死动物时,需要填写监测信息快报(如图5-7所示)。其基本数据可以直接从疫情监测报告单中提取。操作员根据需求选择发现日期,得到相应的数据,并将得到的数据录入系统。

图5-7 监测信息快报

④野外样本采集:用于采集血液、组织或脏器、分泌物、排泄物、渗出物、肠内容物、粪便或羽毛等进行化验分析。操作员凭提供的采集信息,核对其数据后,把“野外样本采集”录入系统(如图5-8所示)。

图5-8 野外样本采集

⑤报检记录:样本移交至检测单位时,填写该表,记录实验结果,上报、归档(如图5-9所示)。报检记录查询内容有编号、监测点、异常地点、日期、地理坐标、接收单位、接收人、检查结果。用户可根据其中的一项或多项查到数据。

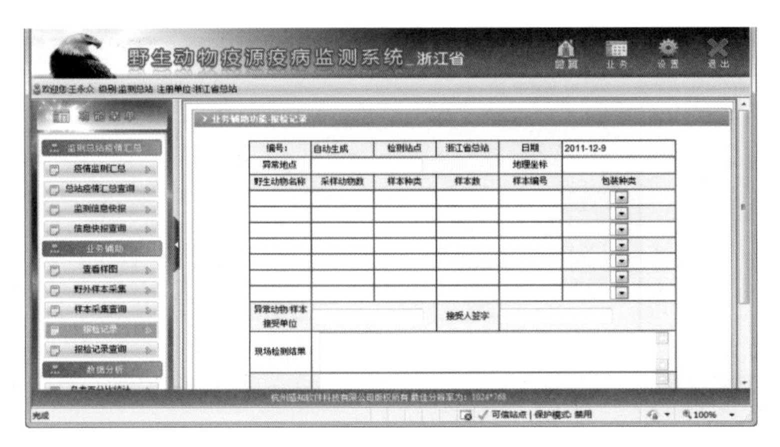

图5-9　报检记录

⑥监测站疫情监测汇总:疫情监测汇总(如图5-10所示)—监测信息快报—查看样图—野外样本采集—报检记录。根据操作员选择的日期得到相应的采集编号和报告内容。

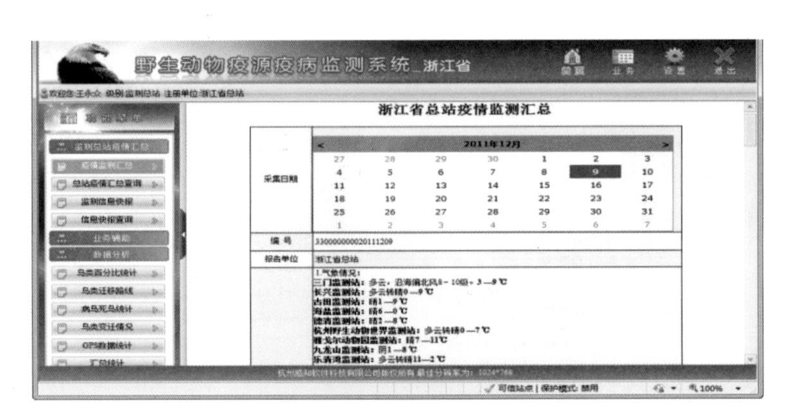

图5-10　疫情监测汇总

⑦动物图鉴:在林业队伍内宣传、学习野生动物科普知识;用于动物鉴别,当无法确定所观测到的某种野生动物的名称时,可以利用图片进行比对。系统将根据操作员所在的位置查询出该站的样图。

⑧站点管理:可以动态添加监测站、监测点信息。设置监测点基本参数,如地理坐标、GPS轨迹信息等。可以设置是否强行要求提交GPS轨迹图。既满足管理需求,又兼顾实际情况。

⑨数据分析如图5-11所示:

◎野生动物种群分布情况分析;

◎监测区野生鸟类种群变迁情况分析；

◎野生候鸟迁徙通道、迁飞停歇地、越冬地分布情况分析；

◎野生动物疫源疫病发病动态分析；

◎野生动物疫病种类、发生、流行及危害状况分析；

◎野生候鸟种群迁徙动态、疫情信息分析；

◎野生动物疫源疫病发病预测。

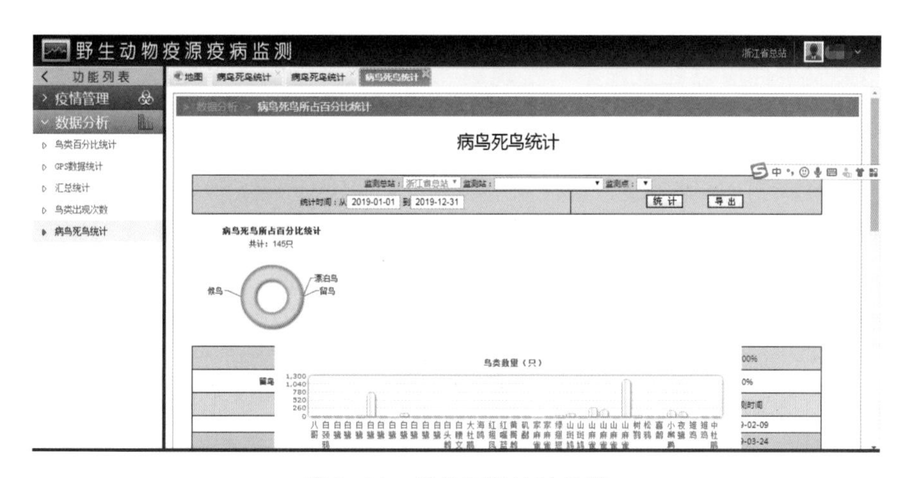

图5-11 病鸟死鸟统计分析

5.5.6 系统特色

系统利用物联网技术、GPS技术、GIS技术、遥感技术进行系统建设，通过手持设备结合PC应用端的方式，提高数据采集准确度和精度。

(1)移动化数据采集

监测人员在野外监测过程中通过带GPS功能的PDA移动设备实现数据的数字化采集，动态定制数据采集信息。

(2)实时化监管巡查

监测人员基于GPS记录巡护路径，记录采集数据、采样位置信息、采样图片，有利于监管部门进行野外巡查监管，提高野生动物疫源疫病监测效率。

(3)可视化数据展现

采集数据基于地理信息系统可视化展现，通过系统实现野生动物动态变化呈现，借由数据分析及建模帮助管理人员进行决策。

5.5.7 应用成效

浙江省林业信息化近年来建设步伐加快,在野生动物疫源疫病监测方面开发与应用了浙江省野生动物疫源疫病监测管理系统。系统引入了物联网技术、GPS技术、GIS技术、遥感技术等用于动物数据采集,结合大数据等技术,建立野生动物疫病疫源监测防控体系,实现了野生动物与疫源疫病监测相关的时间、空间和群间分布等"三间分布"数据的动态分布可视化呈现,并提出预警预报信息,以根据《浙江省陆生野生动物突发事件应急处置预案》,实现病死野生动物早发现早处理,有效地预防、控制野生动物疫病疫源传播,高效完成野生动物疫源疫病监测任务。系统实现了野生鸟类时空分布、多样性分布等数据产品,结合产品数据说明,极大地提升了野生动物疫源疫病监测防控效率,并实现了浙江省野生动物疫源疫病监测系统与国家林业和草原局野生动物疫源疫病监测信息直报系统的很好对接,为林业管理部门提供管理和决策支持,也为科研人员和普通民众提供个性化数据。

第6章 “互联网+”林业灾害应急综合管理平台建设

6.1 综合管理平台的含义

6.1.1 含义

“互联网+”林业灾害应急综合管理平台是以空、天、地一体化多尺度立体监测体系为基础，结合图像传输、系统仿真、专家知识、远程诊断、决策分析、信息发布等功能，实现对森林火灾、林业有害生物和野生动物疫源疫病的应急防控，形成以灾害监测为基础，灾情预警为前提，信息快速传输为保障，应急指挥为中心，预案处置为保障，评估修复为后备的应急管理体系。

6.1.2 建设背景

进入21世纪以来，信息技术的快速更新换代深刻地影响着林业的发展，“互联网+”林业已经成为传统林业转型发展的新潮流，是推进现代林业快速发展的一个有效途径。只有加快“互联网+”林业建设，才能形成对林业资源的全面有效监管，建设完善的生态体系，提高林业资源生态保护能力；只有坚持把“互联网+”林业建设融入林业改革发展的全过程，大力推进“互联网+”林业建设，才能全面提升林业信息化水平。利用云计算、物联网、大数据、移动互联网、北斗高精度定位及5G等最新技术，建立涵盖森林火灾监测、林业有害生物防治和野生动物疫源疫病监测等业务的林业灾害应急综合管理平台，旨在减少森林灾害的发生率，有效预防管理各类林业灾害，提高应对森林灾害的能力。

2003年以来国家围绕互联网与林业管理方面出台的一系列规划、通知与政策文件，各类“互联网+”应急管理的项目在建设过程中，都可将其作为建设依据，如表6-1。

表6-1 相关国家政策与规划依据

序号	文件名称	发布单位	发布日期
1	中共中央国务院关于加快林业发展的决定	中共中央、国务院	2003年06月25日
2	中共中央国务院关于加快推进生态文明建设的意见	中共中央、国务院	2015年05月05日
3	国务院关于加快推进"互联网+政务服务"工作的指导意见	国务院	2016年09月29日
4	国务院关于印发"十三五"国家信息化规划的通知	国务院	2016年12月15日
5	国务院办公厅关于进一步加强森林防火工作的通知	国务院办公厅	2008年03月28日
6	国务院办公厅关于进一步加强林业有害生物防治工作的意见	国务院办公厅	2014年06月05日
7	电子政务信息安全等级保护实施指南	国务院信息化工作办公室	2005年09月15日
8	全国林业信息化建设纲要(2008-2020)	国家林业局	2009年02月17日
9	中国智慧林业发展指导意见	国家林业局	2013年08月21日
10	全国林业信息化工作管理办法	国家林业局	2016年03月01日
11	"互联网+"林业行动计划--全国林业信息化"十三五"发展规划	国家林业局	2016年03月22日
12	林业发展"十三五"规划	国家林业局	2016年05月06日
13	国家林业和草原局关于加强野生动物保护管理及打击非法猎杀和经营利用野生动物违法犯罪活动的紧急通知	国家林业和草原局	2019年03月12日

6.1.3 建设必要性

6.1.3.1 促进美丽中国建设的强大动力

习近平总书记在"十九大"报告中指出,必须树立和践行绿水青山就是金山银山的理念,坚持节约资源和保护环境的基本国策,像对待生命一样对待生态文明建设,加快生态文明体制改革,建设美丽中国。"十九大"报告对生态文明建设进行了多方面的深刻论述,再次表明推进生态文明建设在国家战略下的极端重要性。

林业作为生态文明建设的主体,承担着建设森林生态系统、保护湿地生态系统、改善石漠生态系统和维护生物多样性的重要职责,肩负着建设生态文明的历史重任。

为了有效维护生态安全、改善当代人的生存发展条件，迫切需要建设“互联网+”林业灾害应急综合管理平台，进行有效的林业灾害防控，展开深入的林业灾害分析和评估，掌握林业生态系统的状况和动态，为改善生态条件提供支撑，为建设美丽中国、实现中华民族永续发展做出贡献。

6.1.3.2 打造智慧林业创新发展的新引擎

2017年11月19日，国家林业局局长张建龙在第五届全国林业信息化工作会议上指出，生态文明和美丽中国建设被提上前所未有的高度，网络强国战略思想作为创新驱动贯穿于各项建设，林业信息化建设迎来新的重大发展机遇。2019年3月27日，第六届全国林业信息化工作会议暨林业信息化全面推进10周年研讨会在上海召开。国家林业和草原局副局长张永利出席并发表讲话，把握当下，林草信息化迎来千载难逢的发展机遇：全球智慧化浪潮更加坚定了林草信息化的发展方向；国家信息化战略大幅提升了林草信息化的发展要求；高质量发展要求进一步明确了林草信息化的发展任务；工作快速推进同时也凸显了林草信息化的发展差距。当前和今后一个时期林草信息化工作的总体思路是深化智慧化引领，实行全行业共建，强化全周期应用，推动高质量发展。

建设“互联网+”林业灾害应急综合管理平台是林业信息化创新发展的战略举措。“互联网+”和大数据已经遍布智慧林业的各个方面，从信息到智慧，从数字林业到智慧林业，“互联网+”和大数据使林业数据采集转变为数据挖掘、数字技术应用转变为智能决策服务，因为有了“互联网+”和大数据，林业真正拥有了“智慧”。

6.1.3.3 助力林业信息化与林业业务深度融合的关键手段

当前是“数字林业”向“智慧林业”转变的关键时期，如何通过林业信息化建设实现业务系统信息共享、森林火灾监测、林业有害生物防治、野生动物疫源疫病监测、面向业务的多元化服务等发展目标，是林业灾害应急管理亟待解决的问题。

“互联网+”林业灾害应急综合管理平台建设，既能利用信息化手段整合利用森林火灾监测、林业有害生物防治和野生动物疫源疫病监测等信息资源，又能结合林业业务系统统筹规划林业信息化建设。在对整体林业业务、信息化建设现状及未来信息化发展规划进行分析的基础上，进行林业灾害数据采集、共享服务、应用等体系建设，实现纵向的全体系规划、横向的全业务覆盖，为保证林业信息化整体建设的先进性和贴合业务需求的实用性提供系统化的理论和技术支撑，充分发挥林业信息化系统对自身业务的支持，促进林业信息化与林业业务的深度融合。

6.1.3.4　推进共治共享，实现林业业务归集共享共用的有力抓手

数字林业阶段主要是应用计算机、互联网等技术，实现林业数字化、网络化管理，其主要特征是进行林业各种信息的数字化采集、传输、存储、处理和应用。智慧林业注重系统性、整体性运行，利用"互联网+"及大数据技术，通过林业云、智能决策平台等，使各种类型的林业数据库、业务应用系统共享，实现海量数据智能处理、智能决策，使林业信息资源得以充分开发利用。由数字林业迈向智慧林业阶段，是林业转变方式、提高生产力水平的内在需要。从数字林业到智慧林业，"互联网+"和大数据使数据采集转变为数据挖掘、数字技术应用转变为智能决策服务。

建立林业灾害信息统一管理、统一规划、统一标准、统一平台的"互联网+"林业灾害应急综合管理平台，不仅可以实现林业灾害信息的统一发布和服务，各业务部分灵活共享现有的数据存量，而且可以大大增强获取数据的能力和信息挖掘能力，打破信息孤岛，提高林业信息资源利用效益，实现投入少、消耗少、效益大的优化战略。

6.2　综合管理平台的总体设计

6.2.1　设计原则

6.2.1.1　系统平台化

"互联网+"林业灾害应急综合管理平台是一个适合统一配置的系统平台，其所有子系统和功能都被有机地整合在一个系统框架内，内部的模块关系比较明确，数据传输较为通畅；系统具有不同安全等级的软件运行模式和数据管理模式；系统提供二次开发接口，便于结合具体的业务应用需求，研发出新的专业化应用处理系统；系统总体上采用通用配置的计算机、存储及网络设备。

6.2.1.2　功能模块化

针对"互联网+"林业灾害应急综合管理平台的功能需求，根据功能组成和系统流程，运用高度模块化和组件化的方式，将系统划分为粒度适中的功能模块，另外，根据"基础功能模块+专用功能模块+组合功能模块"这种方式，搭建满足一体化处理要求的系统平台。每个独立模块通过采用Web服务封装对外提供Web服务，模块之间采用Web服务的方式进行通信交互。所有模块不仅可以在处理流程和任务流程之间进行调用，还能够组合成新的功能。同时，系统也允许用户通过增加新的功能模块的

方式去扩展系统的功能，以满足新的数据处理需求。

6.2.1.3 数据标准化

在研制过程中将通过对各种数据、产品和业务数据的分级分类，基于现有标准进行扩展，制订出相应标准化的数据格式，并对数据进行统一规范和标准化处理。数据采用通用、开放的地理信息数据格式，便于数据与其他系统间的相互调用，并实现第三方软件对数据的可编辑。

6.2.1.4 应用便捷化

“互联网+”林业灾害应急综合管理平台技术复杂度较高，要求系统的应用人员具有相应的专业背景和较高的技术熟练程度，但林业人员的计算机操作水平参差不齐。因此，在系统设计和开发的过程中，针对系统界面设计、操作方式、数据录入和备份等方面，需要充分考虑到系统应用的便捷化和易用性。

6.2.2 安全设计

6.2.2.1 总体设计

(1)设计原则

要实施一个完整的安全系统，至少应包括以下内容措施：

①外部软件环境，包括社会的法律、法规以及企业的规章制度和安全教育等；

②技术方面的措施，如防毒、信息加密、存储通信、授权、认证以及防火墙技术；

③审计和管理措施。

社会法律与审计管理方面的措施依赖于整个社会安全体系的建立。综合管理平台进行安全方面的设计主要是基于技术方面的一些措施，在设计安全系统时，采取如下策略减少系统安全隐患：

①对于内部用户和外部用户分别提供哪些服务程序；

②方便程度和服务效率；

③复杂程度和安全等级的平衡；

④初始投资额和后续投资额。

具体考虑如下技术措施：

①提高物理安全；

②利用备份和镜像技术来提高数据的完整性，采用加密措施来确保数据安全；

③通过防病毒和补丁程序来提高操作系统和应用软件的安全；

④构建Internet防火墙。

(2)设计内容

计算机安全的内容应包括物理安全和逻辑安全两个方面。物理安全主要指对系统设备及相关设施进行物理保护,避免遭到破坏和丢失等。逻辑安全主要指应用安全,包括操作系统运行安全、应用程序运行安全、数据安全。

系统采取如图6-1所示层次架构系统安全体系:

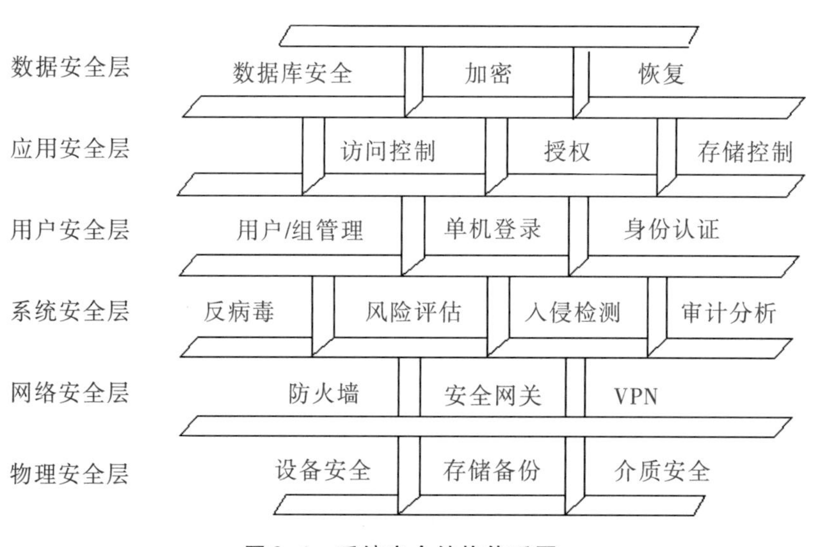

图6-1　系统安全结构体系图

6.2.2.2　系统硬件安全设计

实体的物理安全,主要指设备所处的物理环境的安全,是整个网络系统安全运行的前提。

环境安全,主要指机房环境和人员的安全,包括:机房选址、机房环境、供电系统、出入控制、机房工作制度等。

设备安全,主要指两类设备的安全,一类是网络专用设备如路由器、交换机,另一类是主机设备如终端计算机、服务器。

电磁辐射防护,主要是防止信息在输入、存储、处理、输出、传输时被窃听和破坏。在物理上采取一定的防护措施,可以减少这方面的损失。

6.2.2.3　软件安全设计

软件安全涉及信息存储和处理状态的保护。不管是系统软件还是应用软件,都要求具有可靠性和鲁棒性。软件安全涵盖面较广,并且存在不同的安全层面,主要涉及系统级安全、程序资源访问控制安全、功能性安全、数据域安全四个层次的安全。在浙江省“互联网+”林业灾害应急综合管理平台建设中,从信息的安全性和保密性两个角度来考虑,软件安全主要包括存取控制、信息流向控制、用户隔离及病毒预防等内容。

将信息系统看成是主体和客体的结合。在这种情况下,最根本的安全措施是存取控制。它是在程序执行期间,对使用资源进行合法性检查。通过对数据和程序读出、修改以及删除的管理,存取控制可以制止因技术事故和蓄谋作案构成对信息的威胁,以保护信息的机密性、完整性和可用性。在操作系统控制下的存取控制机构,可以授予和撤销用户对各种客体的占有权,尤其是文件系统中广泛应用的存取控制功能。

在软件安全的设计中,常规手段是采取隔离控制。多道编程、多用户存取操作系统内广泛使用隔离手段。多用户系统各用户程序互相隔离、多虚拟机是指若干不同操作系统同时在一台中央处理机内运行,且每个操作系统下又有多个用户同时工作,它们是彼此相互隔离的,以达到保护的目的。

6.2.2.4 网络安全设计

(1)边界安全

在网络安全的建设过程中,边界安全一直是一个最重要的安全问题。所谓的边界,往往是在网络划分区域后,在不同信任级别的安全区域之间形成的。由于信任级别高低不同,因此需要采用相应的技术来进行安全隔离,从而实现对各个安全区域的安全防护。

针对边界的安全防护,主要面临以下安全威胁:

①非法访问。由于安全域的信任级别不同,不加控制的跨安全域访问存在安全隐患,操作系统内置的访问控制系统强度较弱,攻击者可以在任意终端利用现有的大量攻击工具发起攻击;另一方面,由于对外提供服务需提供各种可访问的端口,或系统默认开启了各种服务,攻击者可通过这些端口对内部服务器进行攻击并造成巨大损失。

②蠕虫、病毒泛滥。各种蠕虫、病毒的泛滥,一方面会导致用户的重要信息遭到损坏,另一方面可能直接导致网络系统的全面瘫痪。

③间谍软件、木马威胁。间谍软件、木马等威胁,通过伪装成合法软件在网络中传播,将会导致用户信息的泄露,甚至将用户的PC机变成可被随意恶意攻击的“肉鸡”。

④DDoS攻击。DDoS攻击可导致网络系统不能为用户提供正常的服务，为用户带来巨大经济损失，同时也使行业形象受到负面影响。

⑤网站篡改。据国际权威调研机构Gartner的最新调查：75%的互联网安全攻击事件都是发生在Web应用层，同时，这一数字在呈快速上升趋势。这些数据说明黑客攻击的主要目标是Web应用，而且有多达2/3的Web应用站点安全防护薄弱，容易受到来自内部或外部的恶意攻击，因此针对Web应用的安全防护显得尤为重要。从近几年网站篡改的大量案例来看，攻击手段已经开始向应用层迁移，传统的安全防护产品或防护方法对应用层的攻击防御效果甚微。

(2)访问优化需求

在解决网络互通性和安全防护问题后，如何提升用户体验，让网络访问更快、服务器资源利用更合理、运维更便捷，成为需迫切解决的问题，主要包括：

①内部人员可更加快捷访问外网资源；

②外网用户可选择最佳路径进行内网资源访问；

③服务器资源利用更加均衡、合理，并且具备强劲的业务健壮性；

④IPv4向IPv6网络过渡的适应性；

⑤系统的扩展性和高可靠性。

应用交付实际上是一套体系，需针对数据流各个节点进行同步优化，才能实现整个业务流程服务能力提升。

6.2.2.5 数据库安全

数据库安全主要是指以保护数据库系统、数据库服务器和数据库中的数据、应用、存储，以及相关网络连接为目的，防止数据库系统及其数据遭到泄露、篡改或破坏的安全技术。

数据库往往是用户最为核心的数据保护对象，与传统的网络安全防护体系不同，数据库安全技术更加注重从用户内部的角度做安全。其内涵包括数据的保密性、完整性和可用性，数据的备份和恢复。主要包括：数据库漏洞扫描、数据库防火墙、数据库安全运维、数据库加密、数据脱敏、数据库审计和敏感数据梳理等。

6.2.2.6 数据加密传输设计

应用系统数据由于在传输过程中以明文方式传输，会导致数据被第三方人员(如黑客等)窃取和篡改，造成数据泄露和欺骗。为保证应用数据传输的安全性，通过VPN设备进行数据加密，可以为运维厂商和移动办公人员提供安全的远程接入功能，对不同的应用进行授权访问,针对不同的办公人员访问特定的办公应用,对数据进行加密保护,避免数据被窃听和篡改,同时将办公和应用系统隐藏在网络内部,有效避免了应用服务器暴露于互联网中,从而加强了对服务器的安全防护。如图6-2所示:

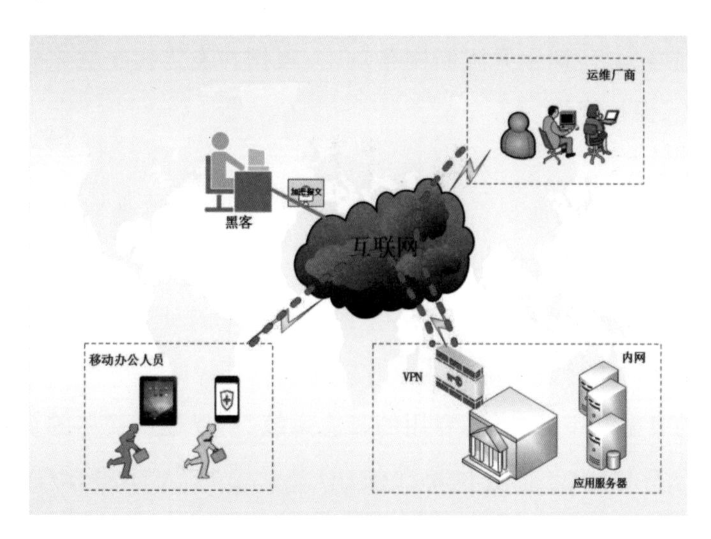

图6-2 数据加密传输设计

在数据加密传输的同时,可以通过系统自带的日志功能,做好对访问人员的日志审计,方便事后追查。

数据加密传输必须适应多种终端和系统平台,目前移动互联已成为新的应用趋势,针对移动终端提供了多种安全接入技术,能方便地实现通过智能终端移动办公。数据加密传输须支持虚拟桌面和虚拟应用的虚拟化接入技术,具有终端与后台业务数据分离和应用无关性的技术特点,能很好地解决移动终端接入所面临的数据安全性和应用适应性问题。

客户端为智能移动终端提供安全接入的SSL客户端产品,不但要支持传统的Windows/Linux操作系统,还要支持Android等移动操作系统。丰富的操作系统平台支持,意味着终端用户可以自由选择终端产品,无须受限于某个特定的应用范围。

6.2.2.7 上网行为及网络访问管理

鉴于应用单位办公内网与业务系统部署在同一网段中,采用一条物理链路进出口,考虑到应用系统建成后的应用效果,避免部分用户在办公时间段下载资料、播放视频、玩网络游戏、软件更新、IM交互等占据大量网络进出口带宽,为保障业务应用通过合理分配,保证所需的带宽,或者把其他应用的流量避开峰值时段,应合理调配带宽使用,从而利用现有的带宽资源,最大限度地提高带宽的效率。

(1)作用

保障关键网络应用:根据业务应用系统需求保障关键应用,一方面限制非主流业务占用过多的带宽,另一方面监测、阻断异常流量。

实时监控网络运行:识别并阻断网络攻击,根据并发连接个数来确定并阻断DOS攻击等异常行为,保护网络设备安全。

(2)解决问题

提升网络可视化管理能力:通过实时详尽的统计报表,掌握用户的网络应用情况,并具备行之有效的策略管理机制。

规范用户网络应用,提升工作效率:工作时间浏览网页、播放视频、QQ聊天、迅雷下载等不再是困扰网络管理员的问题。

提供必要的日志和审计功能:专用的日志系统,不仅提供详尽的全应用日志存储和细致的统计分析功能,还能提供单独的QQ登录/登出、MSN登录/登出、URL访问、DNS查询日志,以满足相关部门对特定应用和特定事件的审计要求。

必要的安全防范机制:利用自身强大的性能优势,为网络管理员提供专门应对伪IP类木马攻击、IP碎片攻击等检测和防护机制。

6.2.2.8　数据存储介质的安全设计

为了对那些必须保护的数据提供足够的保护,而对那些不重要的数据不提供多余的保护,应该对所有数据给予评价,并按照重要性进行分类。数据存储介质选择重要分类的数据都应复制,复制品应分散存放在安全的地方。次重要分类的数据应有类似的复制品和存放办法。防护要求为:机房内所留数据的数量应该是系统有效运行的最小数量。定期存放在机房中的重要和次重要数据,应放在能防火、防高温、防水、防震、防电磁场的保护设备中,其余类别数据应放在密闭金属文件箱(柜)中。存放在机房外的数据,没有复制过的重要和次重要数据应放在防火房间中,或放在能防火、防水、防潮、防震、防电磁场和防盗的保险柜中。另外,库管理员或系统管理员要负责把备份文件传送到离开现场的安全地方。

6.2.2.9　系统备份与恢复设计

“互联网+”林业灾害应急综合管理平台面向的用户不是专业的计算机人员,而是各级林业主管部门的业务人员,因此,用户对Windows环境和系统操作方法的熟悉程度有限,有可能会出现人为操作错误。另外,系统软件或应用软件缺陷、硬件被损坏、电脑病毒入侵、黑客攻击等诸多因素都有可能对系统运行带来影响，为了尽可能将灾难的损失减小到最低限度，系统必须进行备份与恢复设计，考虑完善的备份策略、具有相当的错误屏蔽能力和抗风险的恢复能力。主要包括：系统备份与恢复、系统错误屏蔽设计、系统恢复补救措施设计等。

6.2.3 系统架构

瞄准信息技术发展前沿，充分利用云计算、物联网、大数据、移动互联网、智能化、北斗卫星导航定位及5G等最新技术，以林业灾害应急管理需求为导向，完善基础设施，打通关键节点，整合信息资源，共建综合管理平台，实现互联互通，形成“四横两纵”的系统架构（如图6-3所示）。

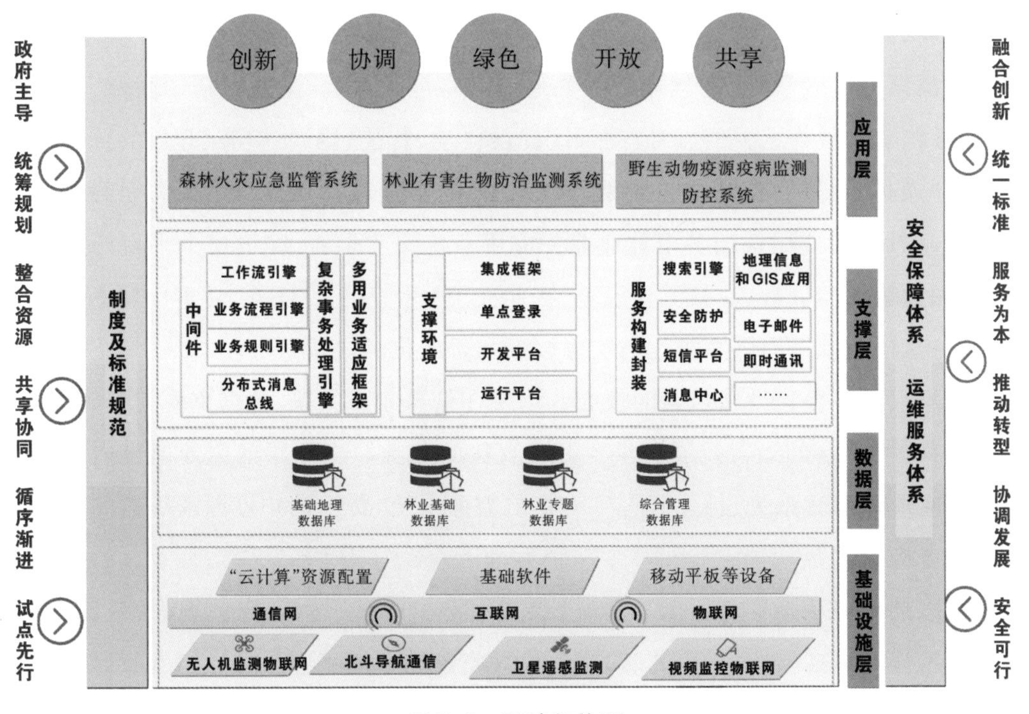

图6-3 系统架构图

“互联网+”林业灾害应急综合管理平台系统架构主要包括“四横两纵”。四横即基础设施层、数据层、支撑层、应用层，两纵即标准规范体系、安全与综合管理体系，形成相互联系、相互支撑的闭环运营体系。

基础设施层是平台建设的基础。依托林业立体感知体系、基础网络建设、林业展示中心、浙江电子政务云的建设,完成林业灾害信息采集、数据存储、数据传输及综合展示。林业立体感知体系主要是利用空间信息技术、互联网、无人机监测、卫星遥感监测、视频监控、北斗导航通信等技术建立感应层,为"互联网+"林业灾害应急管理系统的高效运营提供基础信息及高速通道,实现林业灾害数据共享、业务协同、办公一站式、服务一体化的目标;推进全省各级林业主管部门网络扩容升级,提升网络质量,以满足各级林业主管部门之间快速传输遥感影像、GIS数据、音视频等大数据量的数据,以及各类业务模块应用等需要。

数据层是平台的信息仓库,为"互联网+"林业灾害应急管理系统的高效运营提供丰富的数据源,全面支撑平台的各项应用。数据层主要是林业信息资源的建设,通过规范林业信息分类、编码、采集、处理、交换、服务和更新的标准,建成基础地理数据库、林业基础数据库、林业专题数据库和综合管理数据库等林业四大数据库,实现数据的共建共享、互联互通,为"互联网+"林业灾害应急管理系统建设打下坚实基础。

支撑层是平台科学、高效运营的关键,是平台的中枢。主要包括中间件、支撑环境、服务构建封装等,为平台的应用系统提供科学、智能、协同、包容、开放的统一支撑平台,并通过"促进数据共享与应用"重点工程的实施,助力云计算、大数据分析等新一代信息技术与应用层的各个林业业务应用系统深度融合,完成整个平台的数据加工处理、数表模型分析、业务流程规范、智能决策分析等主要任务,为实现林业资源监测、应急指挥调度等提供系统化的支撑服务和智能化的决策服务。

应用层是平台建设和运营的核心。主要在信息集成共享、数据资源交换、业务协同等方面,为平台的运营发展提供了客观直接的服务。应用层的主要建设内容包括森林火灾应急监管系统、林业有害生物防治监测系统、野生动物疫源疫病监测防控系统等业务应用体系。

标准规范体系是平台建设工作中最基本、最具广泛指导意义的基础规范,能起到统一协调作用。在国标、行标的基础上,建立完善林业灾害应急管理制度及标准规范体系,为林业灾害应急管理提供依据。

安全与综合管理体系是平台建设和运营的重要安全保障。安全体系主要由硬件安全、软件安全、网络安全、数据库安全等部分组成。本体系的目标主要是保证信息的完整性、机密性、可用性和信息系统主体对信息资源的控制。运维体系主要包括基础软硬件运行维护、系统数据维护和应用软件系统运行维护。

6.2.4 运行维护

在系统运行/维护阶段对其进行的修改就是维护。系统需要进行维护的原因归结起来主要包括3种类型：在特定的使用条件下，当一些潜在的程序错误或设计缺陷显现出来的时候，需要维护；在软件使用的过程中，当数据环境发生变化，或者处理环境发生变化的时候，需要对软件进行修改，以适应这些变化；当用户在使用系统的过程中，对优化系统现有功能、增加新的功能以及改善系统总体性能等方面提出要求时，需要对软件系统进行完善，以满足客户的需求。

为了综合管理平台中各系统持续稳定的运行，需对平台的运行维护内容进行设计，主要包括基础软件运维、应用软件运维、系统数据运维、远程监控系统运维、应急性维护保障等。

6.2.4.1 基础软件运维

针对应用系统承载环境进行维护，包括主机、操作系统、数据库、应用软件等IT组件。分析IT组件的日志，对和应用系统相关的主机、数据库的密码进行变更，对服务器、操作系统进行升级和打补丁，对系统防病毒、系统操作进行记录分析、网络设备配置管理等工作，分析可能存在的安全漏洞并予以解决。

6.2.4.2 应用软件运维

软件适应性维护：根据业务管理需要，需要对系统已有功能模块进行修改完善的适应性维护。

系统升级维护：为实现业务系统与行业垂直部门和本级兄弟单位的业务系统数据共享对接，对系统进行优化升级维护。

6.2.4.3 系统数据运维

针对数据库业务数据、信息系统网站数据，每周对数据进行备份。

6.2.4.4 远程监控系统运维

前端点运维：主要是对现有前端点自建塔、摄像机、风光互补供电系统、防雷等进行维护。具体包括摄像机线路的检测、故障排除、隐患排查，所有接口的焊点的检测等；镜头清理、设备除尘、位置调整、设备维修及更换、故障排除等；铁塔刷漆、维护保养、更换老旧材料等；维护工具交通运输、保险等。

指挥中心运维：主要是指挥中心LCD显示大屏、视频综合管理平台及平台管理软件、网络交换机、音频会议系统、存储设备NVR、网络视频传输专线等。定期巡检，清理、维护保养;检查电源、信号线等使用情况,定期更换。显示系统常见故障:电源故障、通信线断、控制系统破坏、故障报检等。

6.2.4.5 应急性维护保障

软件应急性运维:根据用户对生产环境、测试环境的调整需要,各服务商相互配合,做好对网络、服务器等基础架构设备的安装、调试、测试工作,以及应用系统重新部署工作。

指挥中心及前端点应急性运维:指挥中心设备、网络、电视墙、音频会议系统等故障紧急处理,前端视频传输及设备故障紧急处理等。

6.3 综合管理平台的建设内容

6.3.1 数据采集系统

数据采集系统主要是通过与各级林业信息系统进行集成,从信息系统中自动采集所需数据,或通过相关人员手工录入(上报)数据。对采集到的数据进行汇总整理,为业务系统提供数据支持。采集的具体内容包括森林防火、林业有害生物防治、野生动物疫源疫病监测等林业灾害数据。采集系统具体功能包括数据采集、格式转换、数据封装/解析和数据导入等。

6.3.1.1 数据采集管理

数据采集服务是通过收集、整理所需数据的信息,来逐步完善平台数据库的信息。数据采集系统能够针对不同采集对象和数据类型,采用不同的采集方式及采集接口设计,通过智能化的API生成(即通过应用系统授权账户,利用API自动数据调用与爬取,获取源系统各类数据信息)或数据接口的方式,来实现对多种数据源的数据进行统一载入、分类、处理及存储,通过API或接口共享对外提供数据订阅和应用接入服务统一接入、统一调度监控,保证数据的及时采集和存储。

数据采集系统提供对空间数据、业务表格和资料数据、物联网数据、互联网数据等多样的结构、半结构、非结构化数据的采集和处理的功能。采集管理包括采集规则管理、采集点管理、预警管理。

6.3.1.1 格式转换

数据格式转换服务是统一所有发送和接收信息时所使用的格式,通过转换格式,可以使平台和林业机构之间的数据传输更加方便、快捷。

数据格式转换是前置机对数据平台传输数据时，根据需要而进行的一种数据格式的转换，具有强制性特征，都必须先转换成XML或者JSON标准文档格式，才能发送到数据平台。

6.3.1.2 数据封装/解析

统一所有发送和接收信息时，要先把所有信息封装，然后把数据传输到平台，在平台接收到数据以后，再进行数据的解析。

数据封装/解析是前置机对数据平台传输数据时，根据需要而进行的一种数据封装，通过XML或者JSON标准文档格式进行组装。到数据平台时，再通过数据解析服务对数据进行解析入库。

6.3.1.3 数据导入

数据导入是在经过转换、封装、解析等一系列处理步骤后，再调用数据入库服务，根据处理规则进行数据入库的过程。

6.3.2 数据传输系统

数据传输主要是通过网络。传输网络是实现远程视频监控系统前端基站视频图像及各种信号、采集数据传输到后端监控或者数据中心的必要组成部分。传输网络基于移动互联网或者租用运营商专线进行传输，包括有线传输和无线传输，前端采集到信号后通过运营商光纤汇总到移动机房，再通过运营商机房网关发送到监控指挥中心。运营商租赁服务包括网络、铁塔、供视频监控设备所需电力、防雷设施及机房环境等使用。

6.3.2.1 有线传输

有线传输即采用光缆进行信号的传输。

接入部分——由GPON网络和SDH综合承载，以GPON的OLT+ONU为主，没有GPON网络覆盖的地方以SDH辅助接入。

汇聚部分——先由各区县汇聚层交换机汇聚之后再接入汇聚层路由器。

核心部分——由核心层路由器进行路由转发。

6.3.2.2 无线传输

在林业灾害应急管理过程中，远程视频监控系统可通过采用先进的无线通信技术，来跨越环境影响，从而在环境异常复杂的区域中实现实时视频监控，并在第一时间将野外的异常情况回传到视频管理中心。

无线传输系统包括无线网桥和无线骨干链路。无线网桥，常用于在一个较小范围区域内，其能将多个摄像头的视频信号上报到一个集中点。无线骨干链路，常用于将各个集中点的数字信号高速传送到监控管理指挥中心。通过无线网桥和无线骨干链路的灵活组合，可以灵活构建一个大范围的信号网络，对较大面积的监测区域进行监控。

摄像机系统是进行视频采集的前端设备，且具有将视频模拟信号转换成数字信号以便传输的功能，同时，控制系统也能接收远程控制信号，对摄像头进行相应的操作，以便提供最佳的观测视频信号。

电源系统和铁塔则是为摄像机和无线传输系统提供安装位置、电源供应、防雷措施等等。一般地区，就近寻找可以引入的交流电源；在少部分人烟罕至的地区，还可以利用太阳能电池供电。

6.3.3 数据存储系统

林业数据中心所管理的数据中，大多数是地图数据、影像数据、地形数据、业务调查数据、统计数据和办公自动化流程数据，这些数据需要由大型关系数据库进行管理。

数据存储系统通常包括以下三个方面：存储基础管理、数据管理和存储资源管理。存储基础管理是指核心存储管理、数据复制、卷管理和存储虚拟化；数据管理包括备份/恢复和数据迁移/存档；而存储资源管理则是指设备管理和介质资源管理。

数据库的存储主要是运用SAN技术来架构存储平台。SAN技术能够在局域网中直接进行大数据量的存储和备份工作。当在局域网中对大量数据进行迁移时，客户端可以正常地访问跟自己业务相关的服务器，保证服务器的处理能力处于正常状态。

数据中心应能根据用户备份需求和备份策略的变化，配置多台备份服务器，并安装备份软件、磁带库或备份盘阵，用于数据备份。光纤交换机作为数据传输设备，在备份服务器、数据库服务器和应用服务器之间，同时连接两台光纤交换机组成双线备份，能够提供高性能、全冗余、无切换间隙、链路冗余的无阻塞通道。通过高性能的光纤通道为备份服务器提供高带宽、高可靠的网络连接。在整个应用系统及数据中心出现故障时，系统可以至少保存有一份镜像数据供关键业务使用。

目前使用较多的数据存储与备份管理软件，最典型的是Oracle公司的Recovery manager和Veritas公司的NetBackup等，均可以进行企业级数据备份管理。

①支持多种数据库，对Oracle、DB2. SQL Server等大型数据库系统均有备份和恢复能力。

②卷管理和文件系统，能够对服务器进行磁盘卷管理，并对操作系统文件系统的安全性进行辅助性防护。

③多层次备份与恢复，实现对数据库级别、存储设备级别和数据表级别分别进行备份和恢复，而且能够对数据库的存储和归档日志进行保护。

④具有逻辑日志自动备份能力，防止逻辑日志溢出和数据库服务器锁定。

⑤具有XML归档能力，能够将大量数据归档成XML格式，用作长期保存。

⑥日程调度和备份计划管理能力，能够制订备份计划，并进行无人值守的自动备份，自动进行完全备份或增量备份。

⑦具有高速备份与恢复能力，降低备份和恢复工作对系统运行的影响。

⑧备份和恢复向导，对UNIX、Windows和Linux系统，都能自动创建备份与恢复脚本，简化数据库系统的备份与恢复配置。

6.3.4 数据分析系统

在数字林业时代，林业各部门都建设了不同的业务管理系统，记录了林业业务各个阶段的相关成果数据，并拥有了多维度的数据(包括地理信息数据、林业有害生物防治数据、野生动物疫源疫病监测数据、森林防火数据等)。这使得数据分析成为可能，而且由于业务部门内部对数据场景比较了解，更容易找到数据变现的场景，数据分析对业务提升帮助较大。然而，所存在的弊端是其仅仅对自己部门的业务数据比较了解，分析工作也还是只能局限于独立的业务单元之内。数据分析是一项实践性很强的工作，涉及很多交叉学科，需要不同的岗位和角色来实现不同性质的工作。因此，不同业务部门的数据分析团队需要较强的数据技术能力，利用最新的大数据计算和分析技术，来实现数据分析和建模，提高数据分析和计算效率，实现全局化分析。

数据分析系统就是利用多种分析方法，如直方图(频率分布)分析、箱线图(数据分布)分析、时间序列图(趋势)分析、散点图(相关性及数据分布)分析、对比图分析(差异分析)、算术平均分析(差异分析)、移动平均分析(趋势分析)、漏斗图分析

(差异分析)等,结合林业多年的灾害应急管理数据,消除部门壁垒,找到各种数据之间的关联关系、数据与时空之间的关联关系,建立各种数据分析模型,如行为事件分析模型、行为路径分析模型、预测发生概率模型、预测数值模型等,对数据进行分析。

6.3.5 应急指挥系统

6.3.5.1 森林火灾应急

利用地理信息系统、遥感、视频监控、决策支持系统等技术,在公共基础数据库、林业基础数据库和森林防火专题数据库的支持下,建设森林火灾应急监管系统,针对森林火灾监测、森林火灾预测预报、扑火应急指挥以及灾损评估等内容,实行信息化管理,全面提升森林防火监测与扑救指挥的现代化水平,为降低火灾发生率、减少火灾损失提供技术支撑。

6.3.5.2 林业有害生物防治监测

主要用于全省多级林业有害生物的防治监测,主要功能包括林业有害生物调查、有害生物监测与评估、灾害预报与预警、预防与除治、检疫及追溯信息、有害生物数据管理等。实现多级林业有害生物管理部门的数据共享,实现跨省的检疫管理和有关信息发布,形成林业有害生物应急管理和应急指挥体系,实现林业有害生物的实时、有效、多尺度监测,为林业有害生物防治提供决策支持。

6.3.5.3 野生动物疫源疫病监测防治

当在监测野生动物种群中发现行为异常或不正常死亡现象的时候,通过系统记录并上报信息,同时进行现场科学取样、检验检测,最后再通过系统报告结果、应急处理、发布疫情。提供疫源疫病监测站管理、疫源疫病监测信息采集报告、野生动物疫源疫病空间分析、疫源疫病预防和应急响应等功能。

6.4 浙江省“互联网+”林业灾害应急综合管理平台示范系统案例

6.4.1 总体目标

以“互联网+”推进浙江省林业信息化建设,将云计算、物联网、大数据、移动互联网、智能化、北斗卫星导航定位及5G等最新技术综合应用于林业灾害应急监管中,建成以森林安全监控预警为主的浙江省“互联网+”林业灾害应急综合管理平台，使林业灾害应急动态监测、分析、管理、决策与空间信息管理融为一体，有效监控预防各类林业资源灾害，加强林业资源监管水平，提升林业灾害应急能力和综合决策能力。

6.4.2 需求分析

为抓好森林火灾应急监管、林业有害生物防治和野生动物疫源疫病监测等林业灾害应急管理工作，科学有效地防御各种林业灾害，提高林业灾害应急处置能力，最大限度地减少突发森林灾害及其造成的危害，保护森林资源安全，保障人民生命财产安全，需要积极推进“互联网+”林业灾害应急管理平台建设，实现对速报信息、应急调查信息、应急处置等业务信息的集中管理，完善应急管理手段，提升应急管理能力和水平，为全省林业管理部门提供可视化、精准化的应急指挥服务。

6.4.3 总体设计

浙江省“互联网+”林业灾害应急综合管理平台的建设主要是在对浙江省自然地理概况和浙江省林业信息化建设现状分析的基础上，从政务目标、信息资源建设、应用系统建设、集成整合以及系统性能等方面展开需求分析，根据需求分析内容，在遵循“系统平台化、功能模块化、数据标准化、应用便捷化”的设计原则下，对整个平台进行架构设计，最后充分利用移动互联网、物联网、云计算、大数据等新一代信息技术逐步对平台进行系统开发。

6.4.4 建设内容

6.4.4.1 系统首界面

将林业灾害应急管理系统中各个业务应用子系统的界面、功能及信息数据集成到一个平台上，用户只需要登录一次，就可以进入所有有权限访问的应用子系统，不必重复登录，这不仅为不同林业业务管理者提供了统一的业务系统界面和结构更清晰、内容可定制的信息服务，还通过统一用户登录的方式有效避免了信息孤岛，实现了信息资源的全方位共享。系统首界面如图6-5所示。

图6-5　系统首界面

6.4.4.2　林业灾害视频监控系统

建立林业灾害视频监控系统，能够实现对浙江省所有森林防火以及野生动物视频监控点基本信息的统一配置管理，能够对全省林区、野生动物重点监测区等进行大范围、大视野的全天候24小时实时监控。同时，通过管理服务器的预览功能，实现图片的查看和视频回放，为浙江省林业灾害积极预防、及时发现、快速反应、科学指挥、专业扑救和精准的灾后评估提供技术支撑，为森林资源保护提供科学手段，满足了新时期林业灾害防治工作的需要。林业灾害视频监控系统界面如图6-6、图6-7所示。

图6-6　林业灾害视频监控系统（森林火灾类）

图6-7 林业灾害视频监控系统(野生动物类)

6.4.4.3 森林防火应急指挥系统

森林防火应急指挥系统是利用地理信息(GIS)、遥感(GS)等信息技术,大型集中监控技术,无线通信技术,智能视频分析技术,结合林业管理的专业知识和林业防火的经验而建立的综合应用系统,实现各级林业防火信息的快速流转、森林防火安全的实施管理、森林火灾的实时监测、森林防火数据的维护更新、森林火灾扑救指挥的辅助决策等多方面的功能。森林防火应急指挥系统界面如图6-8所示。

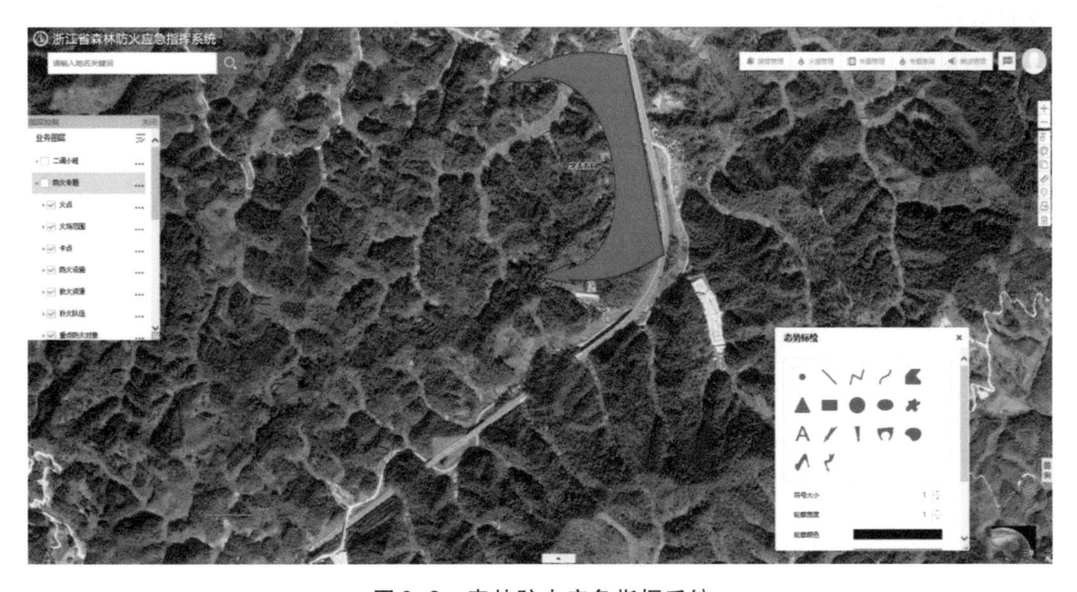

图6-8 森林防火应急指挥系统

当森林火险发生时，系统能够提供火点自动识别、自动报警、自动林火定位、火情短信发布、一键式查询周边扑火物资设备、燃烧态势分析、林火扑救指挥等一系列功能；当没有火险时，系统可以对森林火险等级进行分析、预报，对森林防火数据、护林员工作进行管理。森林防火应急指挥系统满足了林业主管部门在信息采集、资源监控、日常业务管理、应急指挥调度等多方面的业务需求，增强了森林防火预警体系的防御能力，协助森林防火人员快速有效地应对突发森林火险，在森林资源保护、生态安全维护等方面发挥着重要作用。

6.4.4.4　林业有害生物防治系统

针对林业病虫害分布点多面广、影响范围跨度较大、来势凶猛等特点，建立林业有害生物检疫预灾、监测预警、防治救灾体系，加强林业有害生物的预灾、监测、预报预警、救灾、灾害损失评估，增强了林业灾害综合防控能力。林业有害生物防治系统界面如图6-9所示。

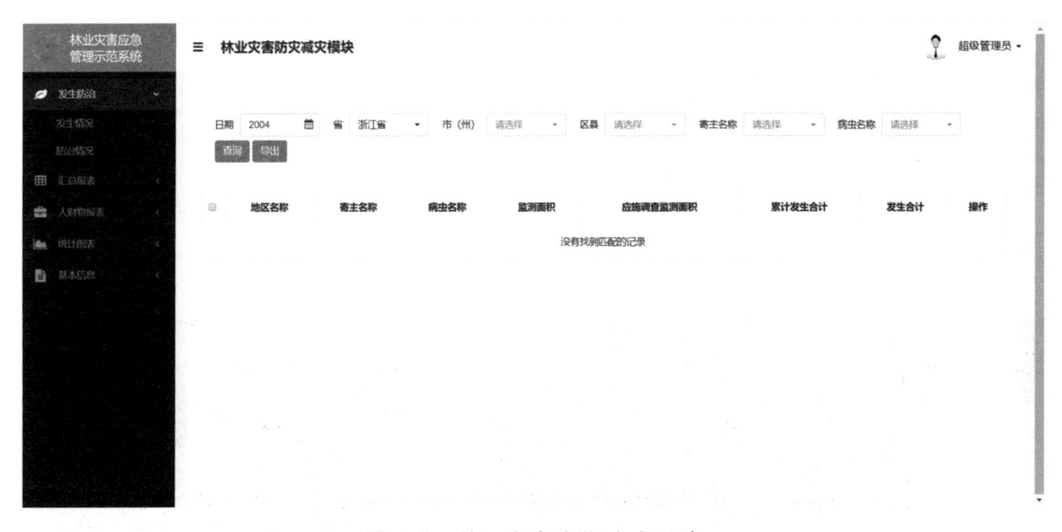

图6-9　林业有害生物防治系统

6.4.4.5　野生动物疫源疫病监测防控系统

建立集采集、上报、分析、决策、指挥于一体的野生动物疫源疫病监测防控系统，实现对野生动物集中分布、集群活动区域的实时严密监测，全面、及时、准确地掌握野生动物疫源疫病发生及流行动态，并对采集的野生动物疫源疫病信息所展示的野生动物的分布情况进行分析，及时发布相关疫情，最大限度降低损失。对野生动物状态和养殖场所、经营场所及过境野生动物疫病进行有效监测，有效打击野生动物盗捕滥杀等事件发生，确保及时准确地发挥野生动物疫源疫病防控功能，为疫源疫病监测、预防、控制提供科学的决策依据。野生动物疫源疫病监测防控系统界面如图6-10所示。

图6-10 野生动物疫源疫病监测防控系统

6.4.4.6 林业灾害数据管理系统

林业灾害数据管理系统实现了林业灾害数据的综合管理，包括森林火灾、有害生物发生防治情况、疫情疫病监测等数据。不同级别的用户具备不同的数据权限，实现县级上报、市级审核、省级汇总的数据管理机制。林业灾害数据管理系统界面如图6-11所示。

灾害数据管理 森林防火 超级管理员

数据管理

指标 火场面积 年份 2016 省 浙江省 市（州） 请选择 区县 请选择 查询

市	区县	描述	火场面积	校正面积	明细
杭州市	桐庐县	桐庐县瑶琳镇华埔村油车边(较大火灾-烧荒烧炭)	2.23	-	
杭州市	淳安县	淳安县汾口镇鲁村村长坞(较大火灾-上坟烧纸)	19.27	-	
杭州市	淳安县	淳安县金峰乡殿峰村角坞口(较大火灾-上坟烧纸)	4	-	
杭州市	建德市	建德市航头镇珏塘村焦坑(较大火灾-上坟烧纸)	6.32	-	
杭州市	建德市	建德市航头镇航川村晁潭(较大火灾-上坟烧纸)	6.32	-	
杭州市	建德市	建德市李家镇新联村车坞(一般火灾-上坟烧纸)	0.76	-	
杭州市	-	临安市昌化镇朱穴村青山潭(一般火灾-烧荒烧炭)	0.3	-	
宁波市	海曙区	海曙区横街镇竹丝岚村百亩地(一般火灾-烧荒烧炭)	0.67	-	
宁波市	奉化区	奉化市锦屏街道西圃村庙龙王(一般火灾-野外吸烟)	2.79	-	
宁波市	奉化区	奉化市大堰镇条家村杷刺岗(较大火灾-烧荒烧炭)	6	-	

显示第1到第10条记录，总共83条记录 每页显示 10 条记录 1 2 3 4 5 … 9

图6-11 林业灾害数据管理系统

6.4.4.7 林业灾害应急决策系统

林业灾害应急决策系统是为林业灾害应急决策者提供决策所需信息、知识以及方案的人机交互系统,提供对各种林业灾害数据的统计和分析功能。实现林业灾害应急决策的科学方法是智能决策。智能决策主要包括知识管理、模型管理和智能推理等三大技术。智能决策的有效手段是应急决策系统,在人为干预下,根据灾害及其他相关信息,利用计算机、物联网、移动互联网等新一代信息技术,通过应急决策系统,辅助管理者对是否启动应急系统和如何选择具体方案与规模等工作进行决策。林业灾害应急决策系统界面如图6-12所示。

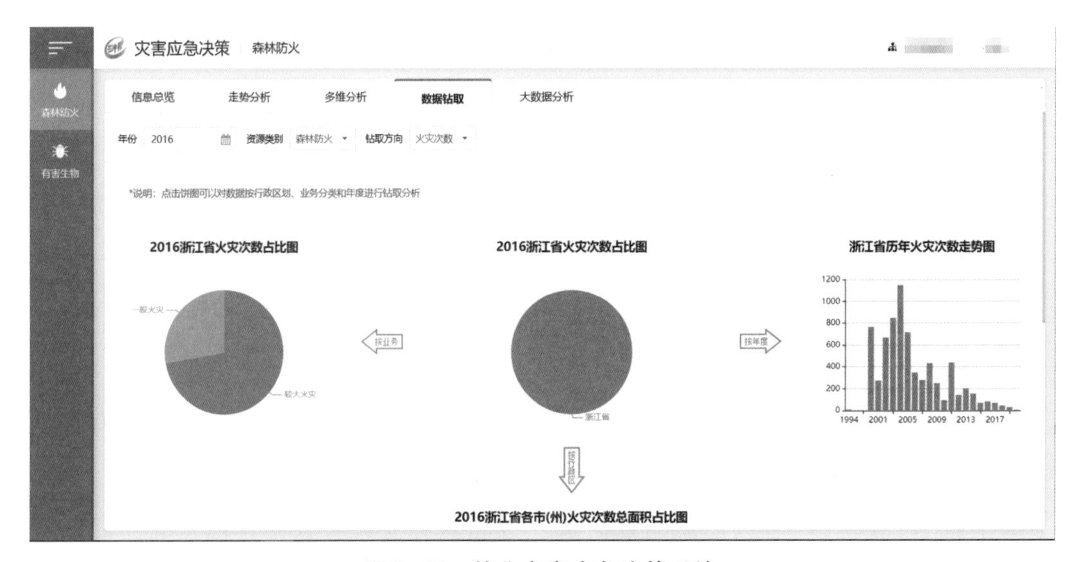

图6-12　林业灾害应急决策系统

6.4.5　系统特色

6.4.5.1　多维辅助,综合分析

浙江省"互联网+"林业灾害应急综合管理平台整合了卫星遥感、无人机、智能移动终端等多种监测手段,辅助林业灾害应急的天、空、地全方位动态监测管理与数据统计分析。

6.4.5.2　需求主导,业务全面

立足林业灾害应急管理信息化建设痛点,以森林防火、林业有害生物和野生动物疫源疫病监测等林业灾害核心业务的信息化建设为主线,建立了林业灾害信息化全覆盖、一体化、智能化的浙江省"互联网+"林业灾害应急综合管理平台,促进了各种林业灾害信息的数字化管理。

6.4.5.3 整合资源，共享应用

基于多源海量数据管理，浙江省“互联网+”林业灾害应急综合管理平台实现了对林业灾害应急各类型数据的存储、管理、服务等全流程管控，促进了业务协同与数据共享。

6.4.5.4 深耕研发，精准服务

充分利用3S、云计算、大数据、物联网、移动互联网等新一代信息技术，形成了数据采集、业务支撑、管理决策为一体的浙江省“互联网+”林业灾害应急综合管理平台，为各级林业主管部门用户提供了精准服务。

6.4.6 应用成效

浙江省“互联网+”林业灾害应急综合管理平台的建立，完善了全省各类林业灾害监测预警与防控技术体系，目前已初显成效。作为省级管理平台，其提高了全省森林火灾、林业有害生物和野生动物疫源疫病监测预警能力和应急综合防控能力，实现了及时监测、准确预报、主动预警的目标，为全省各类林业灾害的有效预防和科学防控提供了支撑平台，达到了保护造林绿化成果和人民财产安全的目的。

为加强物联网在林业灾害监测、预警预报和应急防控中的集成应用，可以将浙江省“互联网+”林业灾害应急综合管理平台推广至全省各市县级林业主管单位应用，并且可以在相关省级平台应用的基础上，建立国家级综合管理平台，以实现对全国范围内的林业灾害进行监测、预报和统计分析，实现国家、省、市、县多级联动应用。

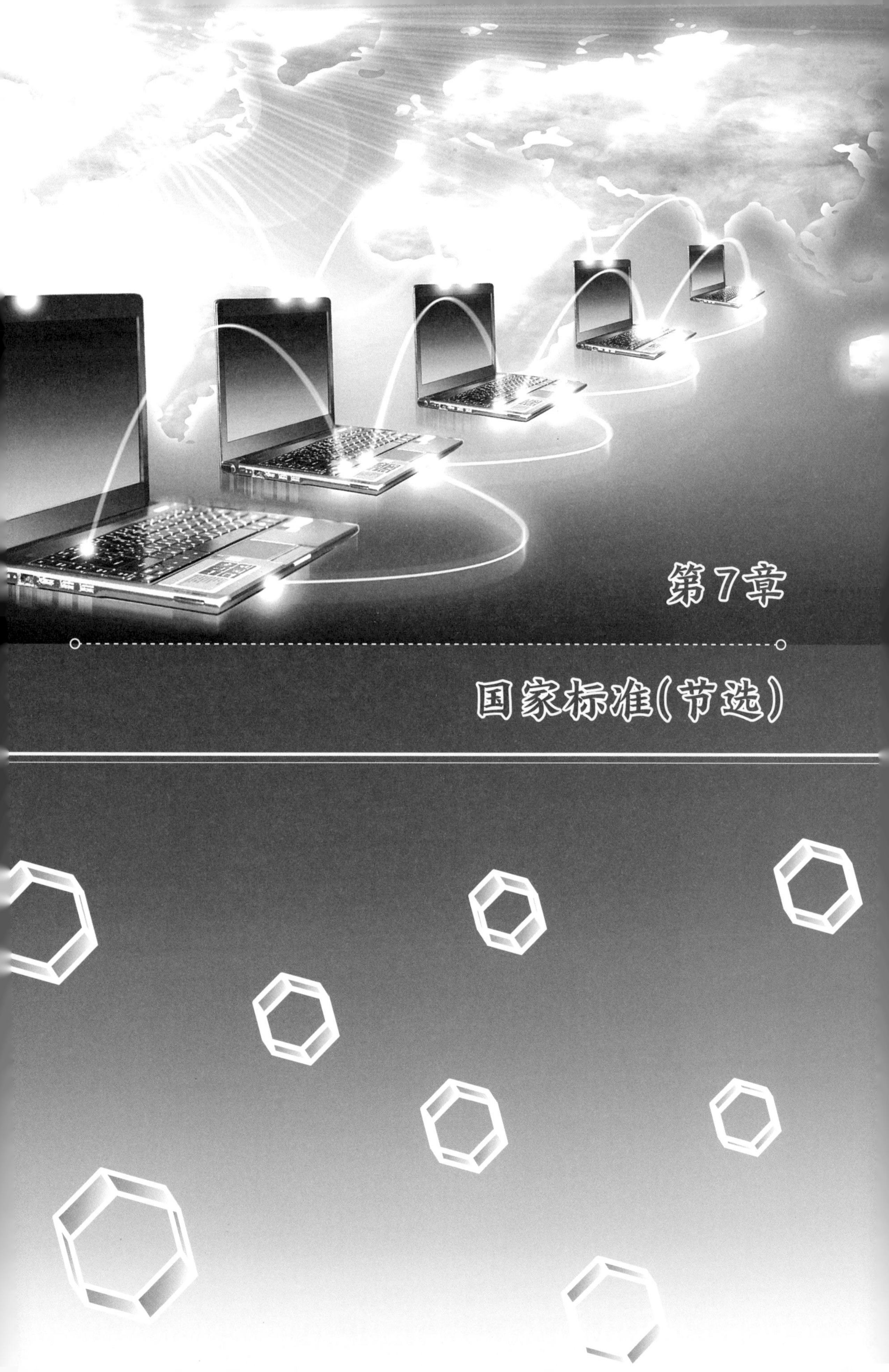

第7章

国家标准(节选)

随着互联网的普及，"互联网+"林业的发展越发受到社会各界的关注。2011年前，国内林业部门和社会企业开始把林业信息化运用到生产、经营、管理之中。2011年，国家林业局总结和借鉴了前期经验，结合互联网在民间的发展道路，开始从政府顶层设计入手，加快推进林业信息化建设。2016年3月22日，国家林业局正式印发了《"互联网+"林业行动计划——全国林业信息化"十三五"发展规划》，充分重视"互联网+"林业的发展。到目前，互联网跨界融合创新模式进入林业领域，利用移动互联网、物联网、大数据、云计算等技术推动信息化与林业深度融合。

自2011年以来，我国就林业行业先后发布了相关国家标准、行业标准。本章对"互联网+"林业重点国家标准进行节选汇编，并整理相关行业标准(附录一)及法律法规(附录二)列表，为读者提供参考依据，让林业工作者有标准可依、有制度可循。

7.1 林业物联网 第4部分：手持式智能终端通用规范

2017年5月31日，中华人民共和国国家质量监督检验检疫总局、中国国家标准化管理委员会发布《林业物联网 第4部分：手持式智能终端通用规范》，自2017年12月1日起实施，内容节选如下：

※1. 范围

GB/T 33776的本部分规定了林业物联网手持式智能终端(以下简称"产品")的技术要求、试验方法、质量评定程序，以及标志、包装、运输和贮存。

本部分适用于林业手持式智能终端的设计、开发、生产、检验和检测等。

❖2. 规范性引用文件

下列文件对于本文件的应用是必不可少的。凡是注日期的引用文件,仅注日期的版本适用于本文件。凡是不注日期的引用文件,其最新版本(包括所有的修改单)适用于本文件。

GB/T 191 包装储运图示标志

GB/T 2312 信息交换用汉字编码字符集 基本集

GB/T 2421.1 电工电子产品环境试验 概述和指南

GB/T 2422 环境试验 试验方法编写导则 术语和定义

GB/T 2423.1 电工电子产品环境试验 第2部分:试验方法 试验A:低温

GB/T 2423.2 电工电子产品环境试验 第2部分:试验方法 试验B:高温

GB/T 2423.3 电工电子产品环境试验 第2部分:试验方法 试验Cab:恒定湿热试验

GB/T 2423.5 电工电子产品环境试验 第二部分:试验方法 试验Ea和导则:冲击

GB/T 2423.8 电工电子产品环境试验 第二部分:试验方法 试验Ed:自由跌落

GB/T 2423.10 电工电子产品环境试验 第2部分:试验方法 试验Fc:振动(正弦)

GB/T 2423.17 电工电子产品环境试验 第2部分:试验方法 试验Ka:盐雾

GB/T 2423.24 环境试验 第2部分:试验方法 试验Sa:模拟地面上的太阳辐射及其试验导则

GB/T 2423.37 电工电子产品环境试验 第2部分:试验方法 试验L:沙尘试验

GB/T 2828.1 计数抽样检验程序 第1部分:按接收质量限(AQL)检索的逐批检验抽样计划

GB/T 4208-2008 外壳防护等级(IP代码)

GB/T 4857.2 包装 运输包装件基本试验 第2部分:温湿度调节处理

GB/T 4857.5 包装 运输包装件 跌落试验方法

GB/T 4857.20 包装 运输包装件 碰撞试验方法

GB4943.1—2011 信息技术设备 安全 第1部分:通用要求

GB/T 5007.1 信息技术 汉字编码字符集(基本集)24点阵字型

GB/T 5007.2 信息技术汉字编码字符集(辅助集)24点阵字型宋体

GB/T 5080.7 设备可靠性试验 恒定失效率假设下的失效率与平均无故障时间的验证试验方案

GB/T 5199 信息技术 汉字编码字符集(基本集)15×16点阵字型

GB/T 5271.14 信息技术 词汇 第14部分:可靠性、可维护性与可用性

GB/T 6107—2000 使用串行二进制数据交换的数据终端设备和数据电路终接设备之间的接口(idt EIA/TIA-232-E)

GB/T 6345.1 信息技术 汉字编码字符集(基本集)32点阵字型 第1部分:宋体

GB/T 6345.2 信息技术 汉字编码字符集(基本集)32点阵字型 第2部分:黑体

GB/T 6345.3 信息技术 汉字编码字符集(基本集)32点阵字型 第3部分:楷体

GB/T 6345.4 信息技术 汉字编码字符集(基本集)32点阵字型 第4部分:仿宋体

GB/T 11460 信息技术 汉字字型要求和检测方法

GB/T 12041.1 信息技术 汉字编码字符集(基本集)48点阵字型 第1部分:宋体

GB/T 12041.2 信息技术 汉字编码字符集(基本集)48点阵字型 第2部分:黑体

GB/T 12041.3 信息技术 汉字编码字符集(基本集)48点阵字型 第3部分:楷体

GB/T 12041.4 信息技术 汉字编码字符集(基本集)48点阵字型 第4部分:仿宋体

GB/T 13000 信息技术 通用多八位编码字符集(UCS)

GB/T 14245.1 信息技术 汉字编码字符集(基本集)64点阵字型 第1部分:宋体

GB/T 14245.2 信息技术 汉字编码字符集(基本集)64点阵字型 第2部分:黑体

GB/T 14245.3 信息技术 汉字编码字符集(基本集)64点阵字型 第3部分:楷体

GB/T 14245.4 信息技术 汉字编码字符集(基本集)64点阵字型 第4部分:仿宋体

GB/T 15629.11(所有部分)信息技术 系统间远程通信和信息交换 局域网和城域网 特定要求 第11部分:无线局域网媒体访问控制和物理层规范

GB/T 15629.15—2010 信息技术 系统间远程通信和信息交换 局域网和城域网 特定要求 第15部分:低速无线个域网(WPAN)媒体访问控制和物理层规范

GB/T 15732 汉字键盘输入用通用词语集

GB/T 15934 电器附件 电线组件和互连电线组件

GB/T 16793.1 信息技术 通用多八位编码字符集(CJK统一汉字)24点阵字型

第1部分:宋体

GB/T 16794.1 信息技术 通用多八位编码字符集(CJK统一汉字)48点阵字型 第1部分:宋体

GB/T 17698 信息技术 通用多八位编码字符集(CJK统一汉字)15×16点阵字型

GB 18030 信息技术 中文编码字符集

GB/T 18031 信息技术 数字键盘汉字输入通用要求

GB/T 18455 包装回收标志

GB/T 18790 联机手写汉字识别系统技术要求与测试规程

GB/T 19246 信息技术 通用键盘汉字输入通用要求

GB 19966 信息技术 通用多八位编码字符集(基本多文种平面)汉字16点阵字型

GB 19967.1 信息技术 通用多八位编码字符集(基本多文种平面)汉字24点阵字型 第1部分:宋体

GB/T 19968.1 信息技术 通用多八位编码字符集(基本多文种平面)汉字48点阵字型 第1部分:宋体

GB/T 21023 中文语音识别系统通用技术规范

GB/T 22320 信息技术 中文编码字符集 汉字15×16点阵字型

GB/T 22321.1 信息技术 中文编码字符集 汉字48点阵字型 第1部分:宋体

GB/T 22322.1 信息技术 中文编码字符集 汉字24点阵字型 第1部分:宋体

GB/T 22451—2008 无线通信设备电磁兼容性通用要求

GB/T 25899.1 信息技术 通用多八位编码字符集(基本多文种平面)汉字32点阵字型 第1部分:宋体

GB/T 25899.2 信息技术 通用多八位编码字符集(基本多文种平面)汉字32点阵字型 第2部分:黑体

GB/T 30878 信息技术 通用多八位编码字符集(基本多文种平面)汉字17×18点阵字型

GB/T 30879.1 信息技术 通用多八位编码字符集(基本多文种平面)汉字22点阵字型 第1部:宋体

GB/T 30879.2 信息技术 通用多八位编码字符集(基本多文种平面)汉字22点阵字型 第2部分:黑体

SJ 11240 信息技术 汉字编码字符集(基本集)汉字12点阵字型

SJ 11241 信息技术 汉字编码字符集(基本集)汉字14点阵字型

SJ 11242.1 信息技术 通用多八位编码字符集(Ⅰ区)汉字64点阵字型 第1部分:宋体

SJ 11242.2 信息技术 通用多八位编码字符集(Ⅰ区)汉字64点阵字型 第2部分:黑体

SJ 11242.3 信息技术 通用多八位编码字符集(Ⅰ区)汉字64点阵字型 第3部分:楷体

SJ 11242.4 信息技术 通用多八位编码字符集(Ⅰ区)汉字64点阵字型 第4部分:仿宋体

SJ 11295 信息技术 通用多八位编码字符集(基本多文种平面)汉字12点阵字型

SJ 11296 信息技术 通用多八位编码字符集(基本多文种平面)汉字14点阵字型

SJ 11297 信息技术 通用多八位编码字符集(基本多文种平面)汉字20点阵字型

SJ 11301 信息技术 通用多八位编码字符集(基本多文种平面)汉字12点阵压缩字型

SJ 11302 信息技术 通用多八位编码字符集(基本多文种平面)汉字14点阵压缩字型

SJ 11303 信息技术 通用多八位编码字符集(基本多文种平面)汉字16点阵压缩字型

SJ/T 11363 电子信息产品中有毒有害物质的限量要求

SJ/T 11364 电子电气产品有害物质限制使用标识要求

SJ/T 11365 电子信息产品中有毒有害物质的检测方法

软件产品管理办法(中华人民共和国工业和信息化部令第9号)

IEEE 802.15.1—2005 信息技术 系统间的通信和信息交换 局域网和城域网特殊要求 第15.1部分:无线个人区域网(WPANs)用的无线媒体访问控制(MAC)和物理层规范[Telecommunications and Information Exchange Between Systems—LAN/MAN—Specific Require-ments—Part 15.1:Wireless Medium Access Control(MAC) and Physical Layer(PHY) Specifications for Wireless Personal Area Networks(WPANs)]

※3. 术语和定义

下列术语和定义适用于本文件。

3.1 手持式智能终端 hand-held intelligent terminal

安装有开放式操作系统,可进行地理坐标、俯仰角、横滚角、海拔等信息的采集、处理、存储、传输、显示等,并提供人机交互操作与控制的便于掌上操作的信息技术产品。

3.2 栅格数据 raster data

按栅格单元的行与列排列、具有不同“灰度值”的相片数据。

3.3 矢量数据 vector data

用X、Y坐标表示地图图形或地理实体的位置的数据。

※4. 缩略语

下列缩略语适用于本文件。

AAC:高级音频解码(Advanced Audio Coding)

BMP:位图(Bitmap)

DWG:可靠性工作小组(Dependability Working Group)

FLAC:无损音频压缩编码(Free Lossless Audio Codec)

GPS:全球定位系统(Global Positioning System)

JPEG:联合图像专家小组(Joint Photographic Experts Group)

OGG:音频压缩格式(OGGVorbis)

RAM:随机存储器(Random Access Memory)

TIF:图像文件格式(Tagged Image File Format)

USB:通用串行总线(Universal Serial Bus)

※5. 技术要求

5.1 设计要求

5.1.1 硬件设计原则

产品设计时,应考虑林业应用的特殊要求,并应进行可靠性、维修性、易用性、软件兼容性、安全性和电磁兼容性设计。如果设计系列化产品,应遵循系列化、标准化、模块化和向上兼容的原则,并应符合有关国家标准。硬件系统应留有适当的逻辑余地,并具有一定的自检功能。

5.1.2　软件设计

5.1.2.1　总体要求

产品配置的软件应与说明书中的描述相一致,并应符合《软件产品管理办法》的要求。

产品配置的软件应与系统的硬件资源相适应,除系统软件、部分驱动软件或增配的应用软件外,还应配有相应的检查程序。对同一系统产品的软件应遵循系列化、标准化、模块化、中文化和向上兼容的原则。

5.1.2.2　中文信息处理

5.1.2.2.1　字符集

产品应选用国家标准规定的下列字符集:

a)GB 18030强制部分;

b)GB 18030汉字部分;

c)GB/T 13000基本多文种平面的汉字部分;

d)GB/T 13000汉字部分;

e)GB/T 2312。

选用a)或b),应与GB/T 13000建立映射关系。

选用c)或d),应与GB 18030建立映射关系。

选用e),仅适用于没有汉字信息交换功能的产品。

…………

7.2　林业物联网　第602部分:传感器数据接口规范

2017年7月31日,中华人民共和国国家质量监督检疫总局、中国国家标准化管理委员会发布《林业物联网　第602部分:传感器数据接口规范》,2018年2月1日起实施,内容节选如下:

※1. 范围

GB/T 33776的本部分规定了林业物联网传感器和传感器结点的编码格式以及两者之间接口的交互协议。

本部分适用于林业物联网传感器和传感器结点的设计、开发和生产。

※2. 规范性引用文件

下列文件对于本文件的应用是必不可少的。凡是注日期的引用文件，仅注日期的版本适用于本文件。凡是不注日期的引用文件，其最新版本（包括所有的修改单）适用于本文件。

GB/T 1988—1998 信息技术信息交换用七位编码字符集

GB 3100—1993 国际单位制及其应用

GB 11714—1997 全国组织机构代码编制规则

IEEE 754 二进制浮点数算术（From Wikipedia, the free encyclopedia）

NIST 1297—1994 评估和表达的NIST测量结果的不确定度指南（Guidelines for Evaluating and Expressing the Uncertainty of NIST Measurement Results）

※3. 数据类型

3.1 数值

数值类型包括整型、浮点型、字符型等，具体说明见表1。

表1 数值类型说明

数值类型	描述
int8	带符号8位整型
int16	带符号16位整型
int32	带符号32位整型
int64	带符号64位整型
unit8	无符号8位整型
unit16	无符号16位整型
unit32	无符号32位整型
unit64	无符号64位整型
float	单精度浮点(32bit)
double	双精度浮点(64bit)
char	固定长度字符串
varchar	可变长度字符串

3.2　文本

文本格式包括txt、doc、docx、xm1、xls、xlsx、pdf等。

3.3　图片

图片格式包括jpg、jpeg、bmp、png、gif、tiff、geotiff等。

3.4　视频

视频格式包括rm、rmvb、mpg、mpeg、3gp、mov、mp4. m4v、avi、dat、flv、mkv、vob等。

3.5　音频

音频格式包括mp3、wav、wma、midi等。

※4. 传感器编码格式

4.1　概述

传感器编码包括传感器类型编码、身份标识符编码、被测物理量数目编码、被测物理量编码、校准信息编码、扩展信息编码及图片和音视频编码等。其中,被测物理量编码包括单位编码、量程编码、映射方式编码、特性参数编码,其出现次数与被测物理量数目相对应。

…………

7.3　林业物联网　第603部分:无线传感器网络组网设备通用规范

2017年5月31日,中华人民共和国国家质量监督检验检疫总局、中国国家标准化管理委员会发布《林业物联网　第603部分:无线传感器网络组网设备通用规范》,2017年12月1日起实施,内容节选如下:

※1. 范围

GB/T 33776的本部分规定了林业物联网无线传感器网络(以下简称"传感器网络")组网设备技术要求、试验方法、质量评定程序、标志、包装、运输和贮存。

本部分适用于林业物联网无线传感器网络组网设备的设计、开发、测试和交付。

※2. 规范性引用文件

下列文件对于本文件的应用是必不可少的。凡是注日期的引用文件,仅注日期的版本适用于本文件。凡是不注日期的引用文件,其最新版本(包括所有的修改单)适用于本文件。

GB/T 191 包装储运图示标志

GB/T 2099.1 家用和类似用途插头插座 第1部分:通用要求

GB/T 2421.1 电工电子产品环境试验 概述和指南

GB/T 2422 环境试验 试验方法编写导则 术语和定义

GB/T 2423.1 电工电子产品环境试验 第1部分:试验方法 试验A:低温

GB/T 2423.2 电工电子产品环境试验 第2部分:试验方法 试验B:高温

GB/T 2423.3 电工电子产品环境试验 第2部分:试验方法 试验Cab:恒定湿热试验

GB/T 2423.5 电工电子产品环境试验 第2部分:试验方法 试验Ea和导则:冲击

GB/T 2423.10 电工电子产品环境试验 第2部分:试验方法 试验Fc:振动(正弦)

GB/T 2423.17 电工电子产品环境试验 第2部分:试验方法 试验Ka:盐雾

GB/T 2423.24 环境试验 第2部分:试验方法 试验Sa:模拟地面上的太阳辐射及其试验导则

GB/T 2423.37 电工电子产品环境 试验第2部分:试验方法试验L:沙尘试验

GB/T 2828.1 计数抽样检验程序 第1部分:按接收质量限(AQL)检索的逐批检验抽样计划

GB/T 4208—2008 外壳防护等级(IP代码)

GB/T 4857.2 包装运输包装件基本试验 第2部分:温湿度调节处理

GB/T 4857.5 包装运输包装件 跌落试验方法

GB/T 4857.20 包装运输包装件 碰撞试验方法

GB 4943.1—2011信息技术设备 安全 第1部分:通用要求

GB/T 5080.7 设备可靠性试验 恒定失效率假设下的失效率与平均无故障时间的验证试验方案

GB/T 5271.14 信息技术词汇 第14部分:可靠性、可维护性与可用性

GB/T 9254 信息技术设备的无线电骚扰限值和测量方法

GB/T 15629.15—2010 信息技术系统间远程通信和信息交换局域网和城域网特定要求第15部分:低速无线个域网(WPAN)媒体访问控制和物理层规范

GB/T 15934 电器附件电线组件和互连电线组件

GB/T 17618 信息技术设备抗扰度限值和测量方法

GB/T 18313 声学信息技术设备和通信设备空气噪声的测量

GB/T 18455 包装回收标志

GB/T 26125 电子电气产品六种限用物质(铅、汞、镉、六价铬、多溴联苯和多溴二苯醚)的测定

GB/T 26572 电子电气产品中限用物质的限量要求

GB/T 30269.2—2013 信息技术 传感器网络 第2部分:术语

SJ/T 11364 电子电气产品有害物质限制使用标识要求

软件产品管理办法(中华人民共和国工业和信息化部令第9号)

※3. 术语和定义

GB/T 30269.2—2013界定的以及下列术语和定义适用于本文件。为了便于使用,以下重复列出了GB/T 30269.2—2013中的某些术语和定义。

3.1 (传感器网络)网关 (sensor network)gateway

连接由传感器网络结点组成的区域网络和其他网络的设备,具有协议转换和数据交换的功能。

[GB/T 30269.2—2013,定义2.1.5]

3.2 传感(器)节点 sensor node

传感(器)节点

在传感器网络中,能够进行采集,并具有数据处理、组网和控制管理的功能单元。

[GB/T 30269.2—2013,定义2.1.3]

3.3 (传感器网络)路由器 (sensor network)router

一种全功能设备,负责传感器网络中设备的关联和解关联。

3.4 无线传感(器)网(络) wireless sensor network

利用传感器网络节点及其他网络基础设施,通过无线连接方式对物理世界进行信息采集并对采集的信息进行传输和处理,为用户提供服务的网络化信息系统。

※4. 缩略语

下列缩略语适用于本文件。

I2C:两线式串行总线(Inter-Integrated Circuit)

SPI:串行外设接口(Serial Peripheral Interface)

UART:通用异步收发器(Universal Asynchronous Receiver/Transmitter)

USB:通用串行总线(Universal Serial Bus)

※5. 概述

林业无线传感器网络由传感器网络网关、传感器网络路由器、传感器节点组成。

※6. 技术要求

6.1 设计要求

6.1.1 硬件设计原则

产品设计时,应考虑林业应用的特殊要求,并进行可靠性、维修性、易用性、软件兼容性、安全性和电磁兼容性设计。如果设计系列化产品,应遵循系列化、标准化、模块化和向上兼容的原则,并应符合有关国家标准。硬件系统应留有适当的逻辑余地,并具有一定的自检功能。具体设计要求由产品标准规定。

6.1.2 软件设计

产品配置的软件应与说明书中的描述相一致,并应符合《软件产品管理办法》的要求。

产品配置的软件应与系统的硬件资源相适应,处系统软件、部分驱动软件或增配的应用软件外,还应配有相应的检查程序。对统一系统产品的软件应遵循系列化、标准化、模块化、中文化和向上的兼容原则。

6.2 外观和结构

6.2.1 产品表面不应有明显的凹痕、划伤、裂缝、变形和污迹等。表面涂层均匀,不应起泡、龟裂、脱落和磨损,金属零部件无锈蚀及其他机械损伤。

6.2.2 产品表面说明功能的文字、符号、标志应清晰、端正、牢固,并应符合相应的国家标准。

6.2.3 产品的零部件应紧固无松动,可插拔部件应可靠连接,开关、按钮和其他控制部件应灵活可靠,布局应方便使用。外接插头符合GB/T 2099.1的规定。

…………

7.4 林业检疫性害虫除害处理技术规程

2011年1月14日,中华人民共和国国家质量监督检验检疫总局、中国国家标准化管理委员会发布《林业检疫性害虫除害处理技术规程》,2011年6月1日起实施,内容节选如下:

※1. 范围

本标准规定了对携带林业检疫性害虫的森林植物及其产品,以及填充物、装载容器、运输工具和堆放场所等进行除害处理的技术和方法。

本标准适用于植物检疫机构对携带林业检疫性害虫的森林植物及其产品,以及填充物、装载容器、运输工具和堆放场所等实施检疫除害处理。

※2. 规范性引用文件

下列文件对于本文件的应用是必不可少的。凡是注日期的引用文件,仅注日期的版本适用于本文件。凡是不注日期的引用文件,其最新版本(包括所有的修改单)适用于本文件.

GB/T 4897 刨花板

GB/T 7909 造纸木片

GB/T 9846 胶合板

GB/T 11718 中密度纤维板

GB/T 20476—2006 松材线虫病发生区 松木包装材料 处理和管理

※3. 术语和定义

下列术语和定义适用于本文件。

3.1 植物检疫 plant quarantine

旨在防止检疫性有害生物传人和/或扩散或确保其官方防治的一切活动.

3.2 林业检疫性害虫 forest quarantine pest inseet

对受其威胁的地区具有潜在的经济重要性,但尚未在该地区发生,或虽已发生但分布不广,并得到官方防治的林业害虫,本标准中的林业检疫性害虫是指国务院林业主管部门发布的(林业检疫性有害生物名单》、省(自治区、直辖市)林业主管部门发布的《林业检疫性有吉生物补充名单》、国务院林业主管部门公布的林业危险性有害生物名单中的害虫。

3.3 林业植物及其产品 forest plant and its product

林业上活的植物及其器官、未经加工的植物性材料,以及虽经加工但由于其性质或加工的性质仍有可能造成有害生物传人和扩散危险的产品:

3.4 除害处理 disinfestation of pest

杀灭、去除有害生物或使其丧失繁育能力的过程。

3.5 需蒸处理 fumigation treatment

用一种完全或主要呈气态的化学药剂，对携带有害生物的森林植物及其产品，以及包装材料、填充物、装载容器、运输工具和堆放场所等采取密闭熏蒸的方式达到除害处理要求的过程。

3.6 热处理 heat treatment

对携带有害生物的森林植物及其产品，以及包装材料、填充物、装载容器等采取加热的方式达到除害处理要求的过程。

注：本标准中热处理指热风处理。

3.7 微波处理 microwave treatment

利用微波能量处理携带有害生物的森林植物及其产品，以及填充物、装载容器等达到除害处理要求的过程。

3.8 制板处理 wood-based panel manufactured treatment

按照人造板的制作工艺，对携带有害生物的森林植物及其产品加工制造成人造板，并达到除害处理要求的过程。

注：本标准中人造板主要包括胶合板、刨花板、中密度纤维板、细木工板。

3.9 检验 inspection

对植物及其产品或其他限定物进行官方的检查以确定是否存在有害生物和/或是否符合植物检疫法规。

※4. 种子除害处理

4.1 集中销毁

林业检疫性害虫危害严重且利用价值小或量少的种子可实施集中销毁处理。

…………

7.5 自然灾害救助应急响应划分基本要求

2012年12月31日，中华人民共和国国家质量监督检验检疫总局、中国国家标准化管理委员会发布《自然灾害救助应急响应划分基本要求》，2013年7月1日起实施，全文如下：

※1. 范围

本标准规定了自然灾害救助应急响应等级划分的要求、单元与要素、方法和等级要求。

本标准适用于对自然灾害救助应急响应条件和措施的划分。

※2. 规范性应用文件

下列文件对于本文件的应用是必不可少的。凡是注明日期的引用文件,仅注日期的版本适用于本文件。凡是不注日期的引用文件,其最新版本(包括所有的修改单)适用于本文件。

国办函[2011]120号国家自然灾害救助应急预案

※3. 术语和定义

下列术语和定义适用于本文件。

3.1　自然灾害救助　matural disaster relief

为保障受灾人员基本生活实施的一系列措施。

3.2　响应划分　response dividing

根据自然灾害影响程度,对预先设定的减轻灾害损失的紧急反应行动作出区分。

※4. 划分原则

4.1　因地制宜,科学规范

应依据本行政区域内往年自然灾害发生情况、自然灾害风险、人口数量等因素,按照当地自然灾害救助应急响应保障群众基本生活的实际需求,科学合理划分响应条件和措施,规范自然灾害救助应急响应工作。

4.2　协调一致,上下衔接

各级响应规定的启动条件、应对措施、岗位职责应有合理的递进关系,应与上一级行政单位应急响应的启动条件、应对措施和岗位职责相衔接。

4.3　指标合理,要素完整

各级响应设定的指标应合理,响应条件、响应措施、响应程序、终止条件等要索应系统完整。

※5. 划分单元与要素

5.1　单元

国家自然灾害应急响应划分以省级行政区域为基本单元,省(自治区、直辖市)(含)以下各级自然灾害应急响应划分,应以整个行政区域为基本单元。

5.2　要素

5.2.1　死亡和失踪人口数量

一次自然灾害过程造成死亡和失踪人口的数量。

5.2.2　紧急转移安置或需紧急生活救助人口数量

在一次自然灾害过程中，因受到自然灾害威胁、袭击，由危险区域转移到安全区域，需提供临时生活保障的人口数量，或因受自然灾害侵袭、被困，需就地提供紧急生活保障的人口数量。

5.2.3　倒塌和严重损坏房屋数量

自然灾害过程造成房屋整体结构塌落，或承重构件倾倒或严重技坏，必须进行重建的房屋数量。

5.2.4　其他要素

因区域灾害特点而设定的其他要素。

※6. 划分方法

6.1　灾害风险分析法

以本地区可能发生的自然灾害种类、频率、强度为依据，结合本地区受灾对象脆弱性，分析本地区自然灾害可能造成的损失，对损失大小进行分级，相应对救助响应条件和措施进行划分。

6.2　历史灾害案例分析法

以本地区历史灾害案例为依据，统计历次灾害过程的损失和应急响应资源投人数量，分析本地区自然灾害规模，并进行分级，相应对救助响应条件和措施进行划分。

6.3　应急响应能力评价法

以本地区应急组织能力、应急资源调动能力、群众基本生活保障需求为依据，参照本地区自然灾害风险，对本地区应急响应能力进行分级，相应对救助响应条件和措施进行划分。

6.4　综合分析法

以上三种方法，依照本地区预案制定时掌握的自然灾害风险要素、历史灾害案例和响应能力等信息，可单独使用，亦可综合分析应用，对本地区救助响应条件和措施进行划分。

※7. 划分等级

7.1　自然灾害救助应急响应划分，一般情况下分为Ⅰ级、Ⅱ级、Ⅲ级、Ⅳ级，Ⅰ级为最高响应等级，Ⅱ级、Ⅲ级、Ⅳ级等响应等级逐级降低，对应的灾害损失程度逐级降低。省级(含)以下应急响应划分，不宜超过四个等级。

7.2　一般情况下，对同一次自然灾害过程，本级政府响应级别应比上一级政府响应级别高一级，如国家减灾委、民政部针对某省启动Ⅳ级响应，则该省应启动Ⅲ级以上响应。

7.3　在自然灾害救助响应划分时，各要素应同时列出，对应的指标数值参照国家自然灾害救助应急预案的相应指标阈值。某一行政区域内，一次灾害过程出现响应划分指标条件之一的，即达到相应级别的应急响应。

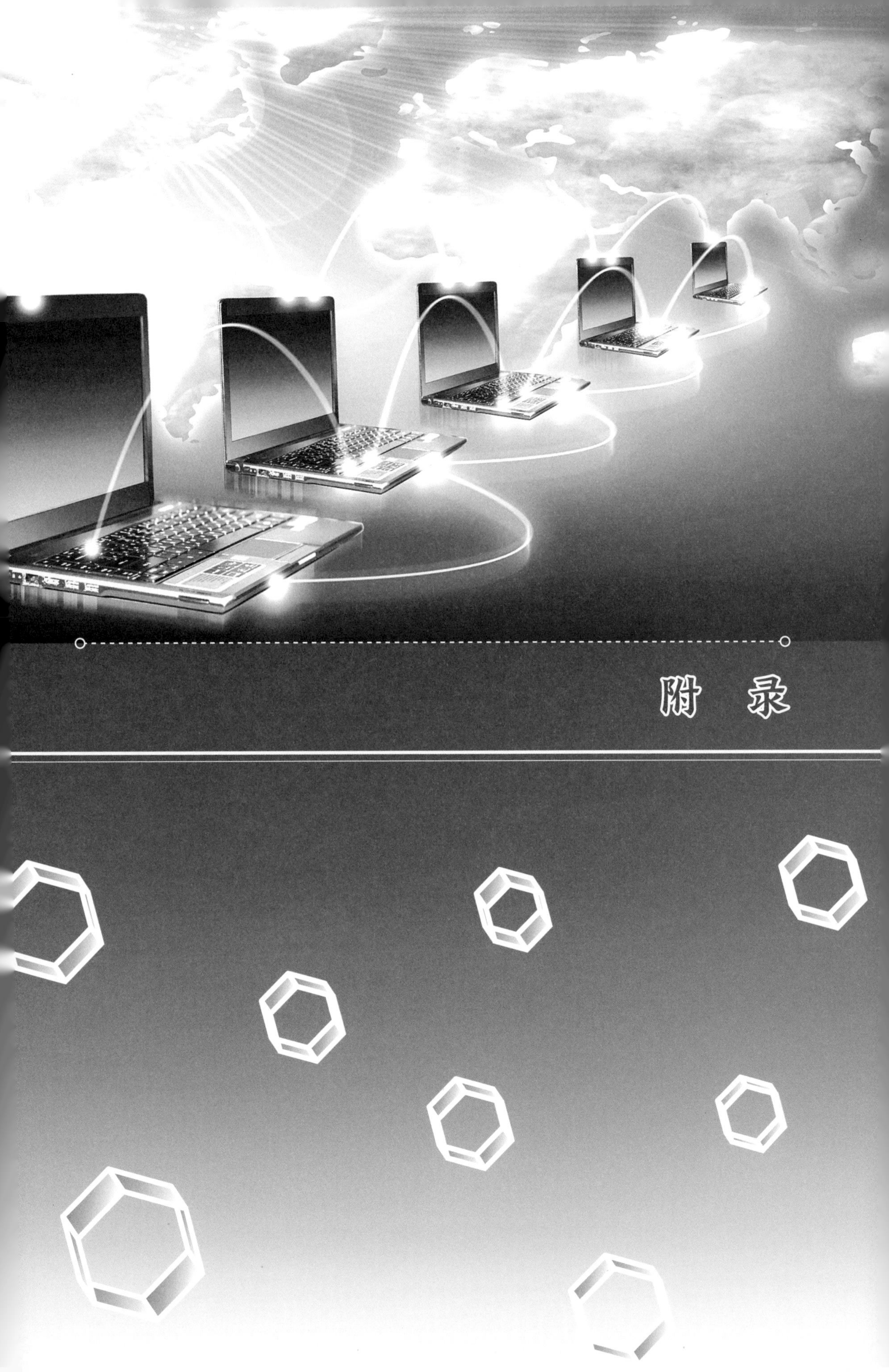

附 录

附录1　相关法律法规列表

序号	文件名	发布单位	发布(修订)日期
1	《植物检疫条例》	国务院	1983年01月03日
2	《森林病害防治条例》	国务院	1989年12月18日
3	《中华人民共和国陆生野生动物保护实施条例全文》	林业部	1992年03月01日
4	《植物检疫条例实施细则》(林业部分)	林业部	1994年07月26日
5	《中共中央国务院关于加快林业发展的决定》	国务院	2003年06月25日
6	《关于进一步加强互联网管理工作的意见》	中共中央办公厅	2004年11月
7	《电子政务信息安全等级保护实施指南》	国家互联网信息办公室	2005年09月15日
8	《国家突发公共事件总体应急预案》	国务院	2006年01月08日
9	《信息安全等级保护管理办法》	公安部等四部委	2007年06月22日
10	《中华人民共和国突发事件应对法》	全国人大常委会	2007年08月30日
11	《森林防火条例》	国务院	2008年12月01日
12	《国务院办公厅关于进一步加强森林防火工作的通知》	国务院办公厅	2008年03月28日
13	《全国林业信息化建设纲要(2008-2020)》	国家林业局	2009年2月17日
14	《国务院关于推进物联网有序健康发展的指导意见》	国务院办公厅	2013年02月17日
15	《中国智慧林业发展指导意见》	国家林业局	2013年08月21日
16	《关于进一步加强林业有害生物防治工作的意见》	国务院办公厅	2014年06月05日
17	《中华人民共和国动物防疫法(2015)》	全国人大常委会	2015年04月24日
18	《中共中央国务院关于加快推进生态文明建设的意见》	国务院	2015年05月05日
19	《国务院关于积极推进“互联网+”行动指导意见》	国务院	2015年07月01日
20	《全国林业信息化工作管理办法》	国家林业局	2016年03月01日

续表

序号	文件名	发布单位	发布(修订)日期
21	《"互联网+"林业行动计划—全国林业信息化"十三五"发展规划》	国家林业局	2016年03月22日
22	《林业发展"十三五"规划》	国家林业局	2016年05月06日
23	《关于推进中国林业物联网发展的指导意见》	国家林业局	2016年06月17日
24	《国务院关于加快推进"互联网+政务服务"工作的指导意见》	国务院	2016年09月29日
25	《中华人民共和国网络安全法》	全国人大常委会	2016年11月07日
26	《国务院关于印发"十三五"国家信息化规划的通知》	国务院	2016年12月15日
27	《国家网络安全战略》	国家互联网信息办公室	2016年12月27日
28	《国家综合防灾减灾规划(2016-2020年)》	国务院办公厅	2016年12月29日
29	《国务院关于印发〈新一代人工智能发展规划〉的通知》	国务院	2017年07月08日
30	《关于促进中国林业移动互联网发展的指导意见》	国家林业局	2017年10月30日
31	《全国检疫性林业有害生物疫区管理办法》的通知	国家林业和草原局	2018年07月03日
32	《中华人民共和国野生动物保护法(2018)最新修订》	全国人大常委会	2018年10月26日
33	《国家林业和草原局关于加强野生动物保护管理及打击非法猎杀和经营利用野生动物违法犯罪活动的紧急通知》	国家林业和草原局	2019年03月12日
34	《关于促进林业和草原人工智能发展的指导意见》	国家林业和草原局	2019年11月08日
35	《中华人民共和国森林法》	全国人大常委会	2019年12月28日
36	《农作物病虫害防治条例》	国务院	2020年03月26日

附录2 相关行业标准列表

序号	文件名	发布单位	发布日期
1	LY/T 1959-2011 陆生野生动物疫病分类与代码	国家林业局	2011年06月10日
2	LY/T 2011-2012 林业主要有害生物调查总则	国家林业局	2012年02月23日
3	LY/T 2169-2013 林业数据库设计总体规范	国家林业局	2013年10月17日
4	LY/T 2171-2013 林业信息交换体系技术规范	国家林业局	2013年10月17日
5	LY/T 2172-2013 林业信息化网络系统建设规范	国家林业局	2013年10月17日
6	LY/T 2173-2013 林业信息资源目录体系技术规范	国家林业局	2013年10月17日
7	LY/T 2174-2013 林业数据库更新技术规范	国家林业局	2013年10月17日
8	LY/T 2175-2013 林业信息图示表达规则和方法	国家林业局	2013年10月17日
9	LY/T 2176-2013 林业信息 WEB 服务应用规范	国家林业局	2013年10月17日
10	LY/T 2177-2013 林业信息服务接口规范	国家林业局	2013年10月17日
11	LY/T 2180-2013 森林火灾信息分类与代码	国家林业局	2013年10月17日
12	LY/T 2267-2014 林业基础信息代码编制规范	国家林业局	2014年08月21日
13	LY/T 2268-2014 林业信息资源交换体系框架	国家林业局	2014年08月21日
14	LY/T 2265-2014 林业信息术语	国家林业局	2014年08月21日
15	LY/T 2413.3-2015 林业物联网 第3部分:信息安全通用技术要求	国家林业局	2015年01月27日
16	LY/T 2516-2015 林业有害生物监测预报技术规范	国家林业局	2015年10月19日
17	LY/T 2517-2015 林业有害生物监测预报管理规范	国家林业局	2015年10月19日
18	LY/T 2413.2-2015 林业物联网 第2部分:术语	国家林业局	2015年10月19日
19	LY/T 2493-2015 林业数据整合改造指南	国家林业局	2015年10月19日
20	LY/T 2579-2016 森林火险监测站技术规范	国家林业局	2016年01月18日
21	LY/T 2581-2016 森林防火视频监控系统技术规范	国家林业局	2016年01月18日
22	LY/T 2582-2016 森林防火视频监控图像联网技术规范	国家林业局	2016年01月18日

续表

序号	文件名	发布单位	发布日期
23	LY/T 2584-2016 森林防火VSAT卫星通信系统建设技术规范	国家林业局	2016年01月18日
24	LY/T 2585-2016 森林火灾信息处置规范	国家林业局	2016年01月18日
25	LY/T 2663-2016 森林防火地理信息系统技术要求	国家林业局	2016年07月27日
26	LY/T 2671.1-2016 林业信息基础数据元 第1部分:分类	国家林业局	2016年07月27日
27	LY/T 3028-2018 无人机释放赤眼蜂技术指南	国家林业和草原局	2018年12月29日

参考文献

[1]AEDO I, DIAZ P, CARROLL J M, et al. End-user oriented strategies to facilitate multi-organizational adoption of emergency management information systems[J]. Information processing & management, 2010, 46(1): 11-21.

[2] ALBUQUERQUE J P D, HERFORT B, BRENNING A, et al. A geographic approach for combining social media and authoritative data towards identifying useful information for disaster management[J]. International journal of geographical information science, 2015, 29(4): 667-689.

[3]AMAYE A, NEVILLE K, POPE A. Collaborative disciplines, collaborative technologies: a primer for emergency management information systems[C]//Proceedings of the 9th European conference on IS management and evaluation. Bristol: Academic Conferences and Publishing Limited, 2015: 11-20.

[4]安庆市林业局. 安庆市野生鸟类疫源疫病监测方案(试行)[EB/OL]. http://lyj.anqing.gov.cn/content/article/16430734. 2009-03-04.

[5]白扎西. 浅析检疫监督工作在动物防疫工作中的重要性[J]. 中国农业信息,2013(5S):154-154.

[6]《黑龙江档案》编辑部. 北斗卫星导航系统解读[J]. 黑龙江档案,2019(1):102.

[7]BHAROSA N, LEE J, JANSSEN M. Challenges and obstacles in sharing and coordinating information during multi -agency disaster response: propositions from field exercises[J]. Information systems frontiers, 2010, 12(1): 49-65.

[8]才琪,才玉石,任婕,等. 国外林业有害生物防治思想的发展及启示[J]. 世界林业研究,2017,30(5):29-33.

[9]CARMINATI B, FERRARIE, GUGLIELMI M.A system for timely and controlled

information sharing in emergency situations[J]. IEEE transactions on dependable and secure computing, 2013, 10(3): 129-142.

[10]CARVERL, TUROFF M. Human-computer interaction: the human and computer as a team in emergency management information systems[J]. Communications of the ACM, 2007, 50(3): 33-38.

[11]陈昌杰,崔九思,鄂学礼,等. 我国参加全球环境卫生监测工作概况[J]. 中国环境监测,1985(1):41-46.

[12]陈宏吉. 3S技术在城市规划领域中的应用研究[J]. 太原城市职业技术学院学报,2012(1):7-8.

[13]陈淼焱,冯琦,刘克俭. 遥感技术在公安业务中的应用及展望[J]. 公安学研究,2018,1(03):68-82,128.

[14]陈明亭,杨功焕. 我国疾病监测的历史与发展趋势[J]. 疾病监测,2005(3):113-114.

[15]CHEN R, SHARMAN R, CHAKRAVARTI N, et al. Emergency response information system interoperability: development of chemical incident response data model [J].Journal of the Association for Information Systems, 2008, 9(3): 200-230.

[16]陈仕彦.林业有害生物防治工作中存在的问题及其对策分析[J].南方农业,2018,12(21):71-72.

[17]CHEN T H, WU P H, Chou Y C. An early fire-detection method based on image processing[C]//2004 International Conference on Image Processing, 2004. ICIP'04. IEEE, 2004(3): 1707-1710.

[18]陈万钧,张维玲,钟建华,等. 基于Android系统的林业有害生物防治系统设计[J]. 广东农业科学,2013,40(18):181-185.

[19]陈永辉. 林业生物灾害管理内涵与原则[J]. 民营科技,2011(4):101.

[20]陈志远. 遥感在森林资源调查中的应用[J]. 内蒙古林业调查设计,2010(3):59-61.

[21]崔岩,赵德怀.野生动物定位监测数据处理方法研究[J].西北农林科技大学学报,2001,29(5):51-55.

[22]董振辉. "互联网+"行动下的林业有害生物防治工作初探[J]. 中国森林病虫,2015,34(6):47-48.

[23]杜丽影,尤清娟. GPS在林业工作中的应用[J]. 科技信息,2011(8):764.

[24]ATKINS F J. Co-integration, error correction and the Fisher effect[J]. Applied Economics, 1989, 21(12): 1611-1620.

[25]范继红,冀一龙. GPS在园林绿化中的应用前景[J]. 北京农业职业学院学报,2012(3):24-28.

[26]范学工. 传染性非典型肺炎防治手册[M]. 长沙:中南大学出版社,2003.

[27]冯强,田华."双轨机制"是动物防疫工作的有效保障——定西市安定区动物防疫历史回顾与现状调查[J]. 中国动物检疫,2004(12):33-34.

[28]傅天驹,郑嫦娥,田野,等. 复杂背景下基于深度卷积神经网络的森林火灾识别[J]. 计算机与现代化,2016(3):52-57.

[29]高艳红. 森林防火工作现状及对策[J].现代园艺,2013(10):19-20.

[30]高晖. 基于GIS技术的环境制图[D]. 西安:长安大学,2006.

[31]郜二虎,梁兵宽,宋岩梅. 国内外野生动物监测[J].林业资源管理,2001(3):27-30.

[32]佚名. GIS的功能以及发展趋势[EB/OL]. https://wenku.baidu.com/view/5cd527ef172ded630b1cb612.html. 2011-12-19.

[33]宫彦萍,黄文江,潘瑜春,等. 基于WebGIS的作物病虫害监测预报系统构建[J]. 自然灾害学报,2008(6):40-45.

[34]郭晗. 高分五号、六号卫星正式投入使用[J]. 卫星应用,2019,88(4):56-57.

[35]GOODCHILD M F, GLENNON J A. Crowd sourcing geographic information for disaster response: a research frontier[J]. International journal of digital earth, 2010, 3(3): 231-241.

[36]王静. GPS技术在林业中的应用[J]. 中外企业家,2013(26):254.

[37]辜体仁. GIS提升电力行业的信息化水平[J]. 自动化博览,2004(2):85-87.

[38]顾晓丽,潘洁,张衡,等. 基于物联网架构的我国森林病虫害监测研究进展[J]. 世界林业研究,2015,28(2):48-53

[39]郭晗. 北斗应用成效显著,国际合作稳步推进——《北斗卫星导航系统发展报告(3.0版)》发布[J]. 卫星应用,2019,85(1):24-27.

[40]国务院. 国务院关于积极推进"互联网+"行动的指导意见[J]. 实验室科学,2015,28(4):9.

[41]甘肃林业局.海康威视与甘肃省林业厅举行全省重点林区森林防火无人机交付

仪式[EB/OL]. http://lycy.gansu.gov.cn/content/2018-09/69365.html. 2018-09-20.

[42]韩月霞. 移动式森林防火指挥系统的实现研究[D]. 保定:华北电力大学,2007.

[43]何畅琛. 促进我国动物保健体系发展的财政政策研究[D]. 北京:财政部财政科学研究所,2014.

[44]姬全生,刘喜要. "互联网+"时代高职院校思政课网络教学协同育人研究[J]. 智库时代,2019(10):17-19.

[45]贾文军. 林业有害生物防治服务体系建设问题探讨[J]. 南方农业,2018(5):56-56.

[46]邢砚田. 简易GPS定位信息显示系统的设计[J]. 科协论坛月刊,2011(3):48.

[47]蒋志刚.动物行为原理与物种保护方法[M].北京:科学出版社,2004.

[48]金连梅,杨维中. 我国传染病预警工作研究现况分析[J]. 中国公共卫生,2008,24(7):845-846.

[49]JOHANNS M. USDA, DOI expand wild bird monitoring for avian influenza [J]. American Journal of Veterinary Research, 2006, 67(10): 1652-1655.

[50]KWAN M P, LEE J. Emergency response after 9/11: the potential of real-time 3D GIS for quick emergency response in micro-spatial environments[J].Computers, environment and urban systems, 2005, 29(2): 93-113.

[51]孔亚奇,郎丛妍,冯松鹤,等. 双流序列回归深度网络的视频火灾检测方法[J]. 中国科技论文,2017,12(14):1590-1595.

[52]来春丽,谢向阳. 北斗卫星导航系统消防应用分析[J]. 数字通信世界,2019,172(4):182,195.

[53]LAI Y A, OU Y Z, SU J, et al. Virtual disaster management information repository and applications based on linked open data[C]//Proceedings of the 2012 fifth IEEE international conference on service-oriented computing and applications. Los Alamitos: IEEE Computer Society, 2012: 1-5.

[54]李怀银. 发热病例与非典病例疫情报告中应注意的几个问题[J]. 中华疾病控制杂志,2004,8(4):377.

[55]李军政,刘胜利,董拴贞. 地理信息系统及图形数据库的形成[J]. 陕西地质,2003(2):89-96.

[56]李玲. 基于视频图像的火灾识别研究[D].广州:华南理工大学,2012.

[57]李宁,张强. 基于北斗系统的海上应急救援系统的研究[J]. 中国海事,2019(7):

49-51.

[58]李蓉洁. 阜阳市疾病预防控制机构资源配置现状分析与规划[D]. 合肥:安徽医科大学,2012.

[59]刘白林. 人工智能与专家系统[M]. 西安:西安交通大学出版社,2012.

[60]刘成林. 美国森林火灾扑救指挥系统及借鉴[J]. 林业资源管理,2009(5):115-121.

[61]刘定坤. 人工智能研究领域及其社会影响研究[J]. 信息化建设,2016(6):312.

[62]刘立新,吴生广. GPS在林业境界测量上的应用研究综述[J]. 河北农业科学,2008(6):142-144.

[63]刘冬平,肖文发,陆军.野生鸟类传染性疾病研究进展[J].生态学报,2011,31(22):6959-6966.

[64]刘纪平,常燕卿,李青元. 空间信息可视化的现状与趋势[J]. 测绘学院学报,2002,19(3):207-210.

[65]刘沫茹,王琦. 外来物种入侵对海洋生态系统的影响与法律对策研究[J]. 经济研究导刊,2012 (5):201-202.

[66]刘霰霰.邹城与微山林业有害生物防治现状与对策研究[D]. 曲阜:曲阜师范大学,2016.

[67]刘亚秋,景维鹏,井云凌. 高可靠云计算平台及其在智慧林业中的应用[J]. 世界林业研究,2011,24(5):18-24.

[68]刘熠. 森林火灾应急指挥数据通讯系统研究与应用[D]. 长沙:中南林业科技大学,2015.

[69]刘志立. 鸟类迁徙规律及其相关模型研究[D]. 杭州:浙江农林大学,2016.

[70]罗军舟,金嘉晖,宋爱波,等. 云计算:体系架构与关键技术[J]. 通信学报,2011,32(7):3-21.

[71]罗明权.基于Web的森林病虫害防治决策专家系统研究与实现[J].南方农业,2014(9):32-33.

[72]罗奕玥,姚孝明. 知识工程的应用研究进展[J]. 计算机时代,2013(10):10-12.

[73]罗泽,阎保平.青海湖区域重要野生鸟类监测与空间分布格局研究示范应用[J].办公自动化,2010 (9):25-33.

[74]罗志祥. 森林防火及生态保护数字化物联网监测预警指挥系统浅析[J]. 森林防火,2013(1):38-41.

[75]骆有庆．高度重视虫传危险性森林病害——松材线虫病[J]．应用昆虫学报，2001,38(2):150-128.

[76]卢崇顶．国外遥感卫星发展简介(1)[J]．上海地质,2001(3):28-35.

[77]卢燕华．全国林业检疫性有害生物名录[J]．广西林业,2013(2):48.

[78]吕志民．谈建立林区资源管护经营信息系统的理论与实践[J]．林业勘查设计，2005(3):8-10.

[79]马海兵,黄智伟,黄乐乐,等．基于ArcGIS的室内地图服务系统的设计与实现[J]．测绘与空间地理信息,2015(3):92-94.

[80]马建章,贾竞波.野生动物管理学[M].哈尔滨:东北林业大学出版社,1994.

[81]MAKINO H, HATANAKA M, ABE S, et al.Web-GIS-based emergency rescue to track triage information-system configuration and experimental results[C]. Ubiquitous positioning, indoor navigation, and location based service.New York: IEEE, 2012: 1-4.

[82]马晓龙,王蕾．GIS技术在林业生产管理领域的现实意义[J]．当代生态农业，2011(Z2):79-80.

[83]毛黎.美国积极应对禽流感(上)[N].科技日报,2006-07-21(4).

[84]毛丽君,郑怀兵.物联网技术在森林火灾监测系统中的应用[J].森林防火,2013(4):47-49.

[85]MEARS G, ORNATO J P, DAWSONDE. Emergency medical services information systems and a future EMS national database[J]. Prehospital emergency care, 2002, 6(1): 123-130.

[86]孟丛,黄晓春．关于电子商务发展中应用云计算技术的研究[J]．企业改革与管理,2015 (6):223.

[87]孟伟,高吉喜,陈佑启,等．GIS技术在环境资源工作中的应用与发展[J]．地理信息世界,2004,2(5):19-22.

[88]蒙遥．基于GIS的森林防火信息系统的研究[D]．赣州:江西理工大学,2009.

[89]莫飞霞．基于3DGIS的森林防火应急指挥系统的研究与实现[D]．杭州:浙江工业大学,2010.

[90]MUHAMMAD K, AHMAD J, LV Z, et al. Efficient deep CNN-based fire detection and localization in video surveillance applications[J]. IEEE Transactions

on Systems, Man, and Cybernetics: Systems, 2019, 49(7): 1419-1434.

[91]宁津生．全球导航卫星系统发展综述[J]．导航定位学报,2013(1):3-8.

[92]NISHIDA S, NAKATANI M, KOISO T, et al. Information filtering for emergency management[J].Cybernetics & systems, 2003, 34(3): 193-206.

[93]庞兴成,吴诚．GPS技术在林业工作中的应用[J]．现代农业,2007(10):64.

[94]PALEN L, ANDERSON K M, MARK G, et al. A vision for technology-mediated support for public participation & assistance in mass emergencies & disasters[C].Proceedings of the 2010 ACM-BCS visions of computer science conference. Swindon: British Computer Society, 2010: 1-8.

[95]潘恩春．从SARS流行剖析我国现行疫情报告系统[J]．疾病控制杂志,2004(5):435-437.

[96]PAN S L, PAN G, LEIDNERDE. Crisis response information networks[J].Journal of the Association for Information Systems, 2012, 13(1): 31-56.

[97]彭文君．5G通信技术应用场景及关键技术[J]．通信技术,2019(10):182-183.

[98]PRADHAN A R, LAEFERD F, RASDORF W J. Infrastructure management information system framework requirements for disasters[J]. Journal of computing in civil engineering, 2007, 21(2): 90-101.

[99]PREECEG, SHAWD, HAYASHI H. Using the Viable System Model (VSM) to structure information processing complexity in disaster response[J]. European journal of operational research, 2013, 224(1): 209-218.

[100]浦华,王济民,吕新业．动物疫病防控应急措施的经济学优化——基于禽流感防控中实施强制免疫的实证分析[J]．农业经济问题,2008(11):26-31.

[101]祁建华．菏泽市主要林业有害生物防治技术与推广[D].曲阜:曲阜师范大学,2015.

[102]乔雪峰．带你认识中国北斗卫星导航系统[J]．珠江水运,2015(15):24-26.

[103]秦树林,崔书丹,王国胜,等．森林资源二类调查存在的主要问题与改进方法[J]．吉林林业科技,2011,40(1):56-57.

[104]国家发展和改革委员会,农业部,财政部等.全国动物防疫体系建设规划[J].中国猪业,2007,2(2):11-15.

[105]佚名．全球四大卫星定位系统[EB/OL]．https://wenku.baidu.com/view/

9cb8bb68a200a6c30c22590102020740bf1ecd14.html. 2019-02-17.

[106]蔺雪青. 全球环境话语与联合国全球环境治理机制相互关系研究[D]. 济南：山东大学,2008.

[107]饶辉. GIS在林业管理系统中的应用[J]. 农业与技术,2016,36(16):181,99.

[108]RAOR R, EISENBERG J, SCHMITT T, et al. Improving disaster management: the role of IT in mitigation, preparedness, response, and recovery[M].Washington, DC: National Academies Press, 2007.

[109]ROCHA A, CESTNIK B, OLIVEIRA M A. Interoperable geographic information services to support crisis management[C]. International workshop on Web and wireless geographical information systems. Berlin: Springer, 2005: 246-255.

[110]芮晓玲,吴一凡. 基于物联网技术的智慧水利系统[J]. 计算机系统应用,2012(6):158,163-165.

[111]施一明,邹骁,谈曦,等. 基于遥感数据的建筑用能指标体系与多级能耗模型构建技术研究[J]. 建筑节能,2012(11):65-68.

[112]舒彬,廖巧红,聂绍发. 我国突发公共卫生事件预警机制建设现状[J]. 中华疾病控制杂志,2005,9(6):623-626.

[113]宋秀芬. 基于嵌入式技术的虫害测报系统的研制[D].杭州：浙江理工大学,2017.

[114]宋玉双,苏宏钧,于海英,等. 2006—2010年我国林业有害生物灾害损失评估[J]. 中国森林病虫,2011,30(6):1-4.

[115]宋玉双. 对加强林业有害生物监测预报工作的几点思考[J]. 中国森林病虫,2007,26(1):41-42.

[116]孙贺廷.对野生动物疫源疫病监测防控工作的思考[J].林业资源管理,2013(4):140-143.

[117]苏相琴. 北斗卫星导航系统的现状及发展前景分析[J]. 广西广播电视大学学报,2019,30(3):91-94.

[118]SURIT S, CHATWIRIYA W. Forest Fire Smoke Detection in Video Based on Digital Image Processing Approach with Static and Dynamic Characteristic Analysis[C]// First Acis/jnu International Conference on Computers. IEEE, 2011.

[119]THOMAS ALERSTAM, JOHAN BACKMAN, GUDMUNDUR A GUDMUNDSSON.

A polar system of intercontinental bird migration[J]. ProcR Biol Sci B, 2007 (274): 2523-2530.

[120]TRECARICHI G, RIZZI V, MARCHESE M, et al. Enabling information gathering patterns for emergency response with the Open-Knowledge System[J]. Computing and informatics, 2012, 29(4): 537-555.

[121]TROYDA, CARSON A, VANDERBEEK J, et al. Enhancing community-based disaster preparedness with information technology[J]. Disasters, 2008, 32(1): 149-165.

[122]WALTER M BOYCE, CHRISTIAN SANDROCK, CHRIS KREUDER-JOHNSON. Avian influenza viruses in wild birds: A moving target [J]. Comparative Immunology, Microbiology and Infectious Diseases. 2009, 32(4): 275-286.

[123]万滨,李仪. 基于物联网的林业有害生物防治监测信息系统及实现方法, CN107067054A [P]. 2017-08-18.

[124]万鲁河,刘万宇,臧淑英. 森林防火辅助决策支持系统的设计与实现[J]. 管理科学,2003,16(3):21-24.

[125]王宝书. 浅谈地理信息系统(GIS)的组成及主要功能[J]. 信息与电脑(理论版),2010(7):75-75.

[125]王德文. 基于云计算的电力数据中心基础架构及其关键技术[J]. 电力系统自动化,2012(11):67-71,107.

[127]王恩利. 我国的林业灾害现状与防治[J]. 北京农业,2013(27):48.

[128]汪海蓉. GPS技术在林业工作中的应用[J]. 内蒙古林业调查设计,2012(1):76,95.

[129]王红霞. 浅谈建设现代生态林业的重要性[J]. 农业科技与信息,2016(26):133-134.

[130]王丽娜,张伟,王英博.森林防火视频监控技术应用[J].科学技术创新,2018(25):139-140.

[131]王小雷. 河南省动物疫病监测预警机制的建立[D]. 郑州:河南农业大学,2012.

[132]王轩. 基于物联网技术的森林火灾监测研究[D]. 长沙:中南林业科技大学,2011.

[133]王永全. 测量技术的发展与应用[J]. 工程建设与设计,2019(12):273-274.

[134]王运生,肖启明,万方浩,等. 日本《外来入侵物种法》及对我国外来物种管理立法和科研的启示[J]. 植物保护,2007,33(1):24-28.

[135]王忠海,陈杰,肖常青.构建辽宁鸟类疫源疫病监测体系初探[J].辽宁林业科技,2008(2):10-12.

[136]汪子尧,贾娟. 人工智能的前生、今世与未来[J]. 软件,2018(2):231-234.

[137]杨征,魏铼. 基于GIS与空间数据分析的野生动物疫病管理系统研究[J]. 安徽农业科学,2012,40(4):2509-2513,2525.

[138]魏然,刘良明,曹庭进,等. 基于环境减灾小卫星数据的森林火灾迹地检测算法研究[J]. 遥感信息,2012 (2):62-67.

[139]文剑平. 世界保护监测中心(WCMC)的建立[J]. 环境科学,1989(3):97.

[140]温战强.《中国林业物联网发展规划(2013—2020年)》摘编[J]. 卫星应用,2015(7):60-65.

[141]工信部电信研究院. 物联网白皮书(2011)[J]. 中国公共安全(综合版),2012(Z1):138-143.

[142]吴刚,戈峰,万方浩,等. 入侵昆虫对全球气候变化的响应[J]. 应用昆虫学报,2011,48(5):1170-1176.

[143]吴信才,白玉琪,郭玲玲. 地理信息系统(GIS)发展现状及展望[J]. 计算机工程与应用,2000,36(4):8-9.

[144]吴月辉. 高分卫星能看见什么?[N]. 人民日报,2016-08-19(20).

[145]武玟斌. "互联网+"时代背景下的高校思政教育创新策略研究[J]. 党史博采,2019(2):1-2.

[146]夏咸柱,钱军,杨松涛,等. 严把国门,联防联控外来人兽共患病[J]. 灾害医学与救援,2014,3(4):204-207.

[147]夏雪,丘耘,胡林,等. 云视频监控在苹果园病虫害防治中的应用[J]. 江苏农业科学,2015,43(12):465-468.

[148]肖清华. 蓄势待发、万物互连的5G技术[J]. 移动通信,2015(1):33-36.

[149]中国电子学会. 新一代人工智能发展白皮书(2017 年)[OL].https://www.sohu.com/a/224103042_353595. 2018-02-26.

[150]徐晓景. "互联网+防护":火情智能监控 森林防火决胜百里之外[EB/OL]. 中安在线,http://ah.anhuinews.com/qmt/system/2015/05/17/006798664.shtml,2015.

[151]徐小军,郑健,郭尚芬. 火灾图像探测的神经网络方法研究[J]. 计算机工程与设计,2008,29(13):3416-3418.

[152]闫峻,才玉石. 新时期林业生物灾害的形势和对策分析[J]. 北京林业大学学报(社会科学版),2006(s1):62-65.

[153]闫玉军,朱胜男,孟海凤,等. 关于林业有害生物防治技术的发展概述[J]. 农业科技与信息,2016(8):150.

[154]闫杨. 可视化信息网络基础平台在森林防火工作中的应用[J].林业科技情报,2019(3):18-21.

[155]杨佳. 基于GIS平台的道路选线优化系统研究[D]. 重庆:重庆交通大学,2008.

[156]杨蕊. 利用互联网搭建森林防火信息传输系统[J]. 轻工设计,2011(3):67-68.

[157]杨维中,邢慧娴,王汉章,等. 七种传染病控制图法预警技术研究[J]. 中华流行病学杂志,2004,25(12):1039-1041.

[158]姚乐野,胡康林. 2000—2016年国外突发事件的应急信息管理研究进展[J].图书情报工作,2016(23):6-15.

[159]易辉. 5G技术应用浅谈[J]. 信息通信,2017(5):204-205.

[160]尤子平,张孝羲. 美国有害生物综合治理(IPM)的现状[J]. 世界农业,1983(2):16-19.

[161]俞乃胜. 新人兽共患病的流行近况及防控策略[J]. 中国人兽共患病学报,2007,23(2):187-190.

[162]ZHANG Q, LIN G, ZHANG Y, et al. Wildland Forest Fire Smoke Detection Based on Faster R-CNN using Synthetic Smoke Images[J]. Procedia engineering, 2018, 211: 441-446.

[163]章俊华. 棘球蚴病:一种持续存在或再现的动物源性传染病[J]. 国际医学寄生虫病杂志,2002,29(4):165-171.

[164]章伟建. 迁徙鸟类在疾病传播中的作用与控制[J]. 上海畜牧兽医通讯,2003(5):32-33.

[165]章雨婷. “互联网+”与高校思想政治理论课[J]. 现代交际,2018(24):209-210.

[166]张国梁,李泽庚,林红,等. 传染病预警机制的研究进展[J]. 中国中医药现代远程教育,2011(5):198-200.

[167]张国庆. 生物灾害管理理论研究与生物灾害精确管理[J]. 现代农业科技,2011

(3):20-23.

[168]张婧. 基于WebGIS的劳动局电子政务系统设计与实现[D]. 济南:山东大学, 2009.

[169]张科,叶影,张红. 基于边缘计算的森林火警监测系统[J].大数据,2019(2):79-88.

[170]张锐,段文武.湖南省野生动物疫源疫病监测现状和对策[J].湖南林业科技, 2008,35(4):47-49.

[171]张铁楼,张志明,史洋,等. 北京市陆生野生动物疫源疫病监测工作的现状分析及对策建议[J]. 绿化与生活,2009(5):57-59.

[172]张文峰,马绪瀛. 北斗卫星导航系统性能评估[J]. 矿山测量,2014(4):40-43.

[173]张晓田,杨德贵. 基于辽宁省野生动物疫病监测现状的探究[J]. 经营管理者, 2012(15):376.

[174]张煜东,吴乐南,王水花. 专家系统发展综述[J]. 计算机工程与应用,2010,46(19):43-47.

[175]赵良平,叶建仁,曹国江,等. 美国的森林保健[J]. 国土绿化,2002(9):43-43.

[176]赵爽. 国外卫星导航系统现状与发展趋势分析[J]. 国际太空,2014(4):18-22.

[177]赵小聪,王立苍. 3S技术在林业上的应用[J]. 农村实用技术,2015(3):17-19.

[178]赵欣. 物联网发展现状及未来发展的思考[J]. 计算机与网络,2012(3):126-129.

[179]赵学敏.中国大陆野生鸟类迁徙动态与禽流感[M].北京:中国林业出版社, 2006.

[180]国务院新闻办公室.《中国北斗卫星导航系统》白皮书[OL]. http://www.scio.gov.cn/zfbps/ndhf/34120/Document/1480602/1480602.htm. 2016-6-16.

[181]周晨. 环境遥感监测技术的应用与发展[J]. 环境科技,2011,24(A1):139-141,144.

[182]周瑾,罗书发. 新时期我国林业有害生物灾害发生特点分析[J]. 现代园艺, 2019 (4):47.

[183]周明明,彭龑. 基于Web的专家系统实现技术研究[J]. 四川理工学院学报(自然科学版),2007,20(3):86-90.

[184]周晓农,胡晓抒,杨国静,等. 中国卫生地理信息系统基础数据库的构建[J]. 中华流行病学杂志,2003,24(4):253-256.

[185]朱桂寿.浙江省陆生野生动物分布及其疫源疫病监测体系建设研究[D].南京:

南京林业大学,2008.

[186]朱桂寿,何才宝.浙江陆生野生动物疫源疫病监测工作的现状分析及对策建议[J].浙江林业科技,2008,28(2):77-79.

[187]邹志君. 分析3S技术在环境质量评价中的应用[J]. 科技致富向导,2013(9):23-24.

[188]杨娇,张明海,孙红瑜,等. 黑龙江省珍稀濒危野生动物地理信息管理系统的构建[J]. 野生动物,2008(5):54-56.

[189]罗巍,邵全琴,王东亮,等. 基于面向对象分类的大型野生食草动物识别方法——以青海三江源地区为例[J]. 野生动物学报,2017(4):23-26.

[190]GONZALEZ L F, MONTES G A, PUIG E, et al. Unmanned aerial vehicles (UAVs) and artificial intelligence revolutionizing wildlife monitoring and conservation[J]. Sensors, 2016, 16(1) : 97 - 115.

[191]祝丙华,王立贵,孙岩松,等. 基于大数据传染病监测预警研究进展[J]. 中国公共卫生,2016(9):1276-1279.

[192]芮益芳. 大数据医疗:下一个产业“风口”[J]. 商学院,2015 (4):100-103.

[193]吴之杰,郭清. 大数据时代我国健康管理产业发展策略研究 [J]. 卫生经济研究,2014(6):14-16.

[194]刘东冬,刘胜林,张佳华,等. 基于SWOT模型分析大数据在医疗中的应用[J]. 中国数字医学,2014(11):13-15.

[195]黄文秀. 数据挖掘技术及应用研究[D]. 南京:东南大学,2018.

[196]周利敏,童星. 灾害响应2.0:大数据时代的灾害治理——基于“阳江经验”的个案研究[J]. 中国软科学,2019(10):1-13.

后　记

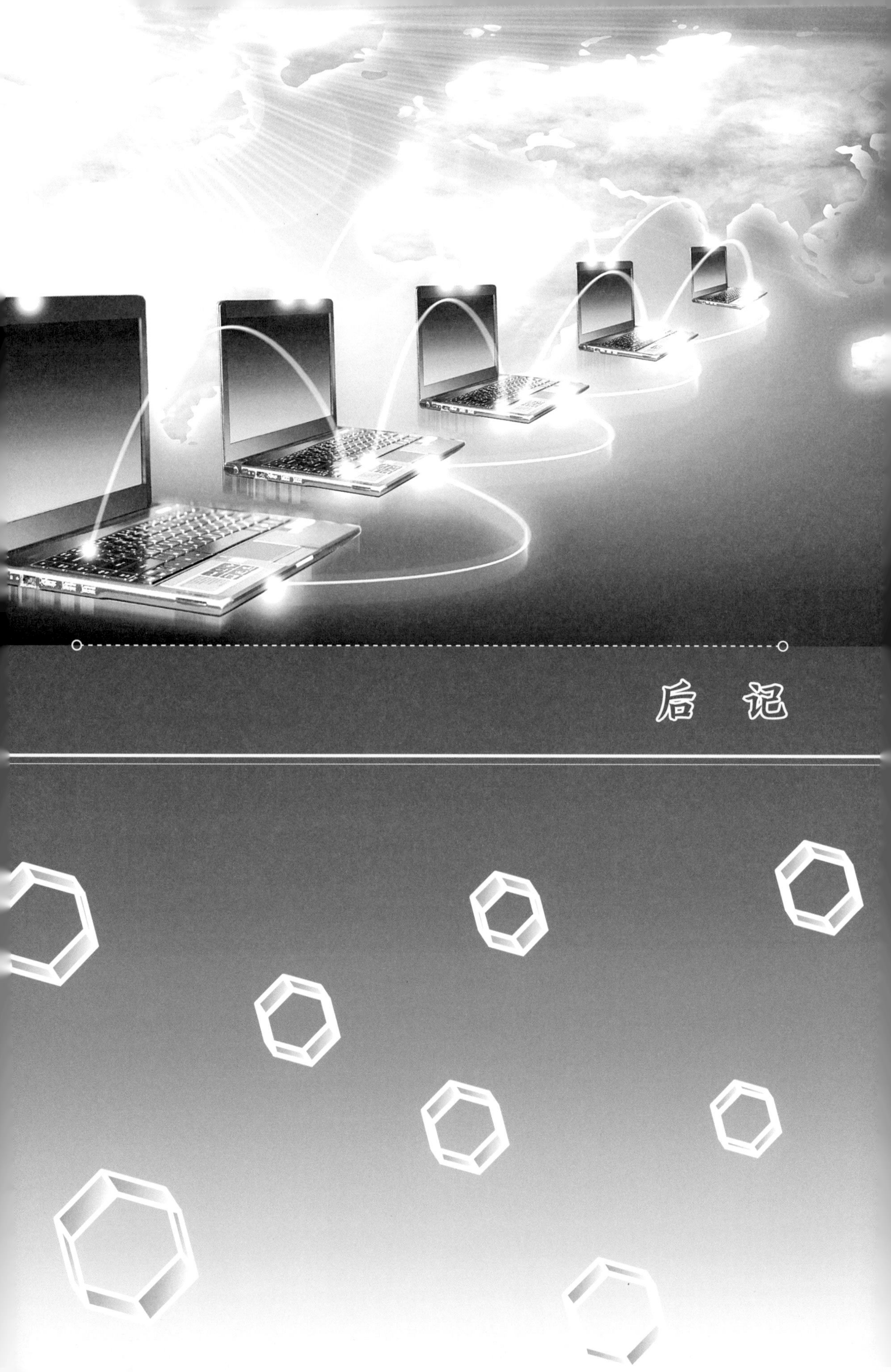

从2017年浙江省科技厅重点研发计划项目——"'互联网+'林业灾害应急管理数据采集技术与应用"正式启动至今,已三年,这本《"互联网+"林业灾害应急管理与应用》的书稿终于在众多朋友的关切和专家的帮助下断断续续地接近完成,书稿经过多轮的修改和调整。

本书即将定稿出版之际,一场突如其来的新冠肺炎疫情席卷全国,给人民生命安全和经济社会发展带来严峻考验。全国人民和社会各界坚决迅速响应党中央和习主席的号令,打响了一场总体阻击防控疫情的人民战争!在这场特殊的战争中,无数医护人员逆行武汉开展医学救治,科研工作者发挥科技创新作用,开展药物及疫苗攻关,百位院士为疫情防控提供科学的对策建议,大国重器精锐尽出,创新技术各显神通,中国北斗快速响应,全面融入防控疫情的主战场,担当起科技抗疫的跨界先锋。全国人民众志成城、抗击疫情之时,疫情的发展远远超出了人们最初的估计,对整个社会、经济的巨大破坏力,让人不禁唏嘘,也让人们认识到,哪有什么岁月静好,不过是一个又一个的应急监控、应急管理系统在日夜守护着人们的平静生活,而一个看似毫不起眼的疏忽,就可能带来致命的后果。新冠肺炎疫情的爆发和蔓延,根源尚在追踪,而野生动物保护与利用领域的监管力度,医疗卫生系统的应急反应能力,难免被人们所诟病。林业系统的灾害应急管理何其相似:一个烟头可能引发一场严重的森林火灾,一种森林病害可能让林业人百年树木的梦想坍塌,一种动物疫病可能动摇生态系统的平衡……

自此,野生动物交易与滥食对公共卫生安全构成的重大隐患再次引发社会高度关注,2020年2月24日,全国人大常委会出台了野味防控的最严禁令《关于全面禁止非法野生动物交易、革除滥食野生动物陋习、切实保障人民群众生命健康安全的决定》(以下简称《决定》)。该《决定》之中,首次将对野生动物的食用行为加入了禁令之中。《决定》第二条规定:全面禁止食用国家保护的“有重要生态、科学、社会价值的陆生野生动物”以及其他陆生野生动物,包括人工繁育、人工饲养的陆生野生动物。全面禁止以食用为目的猎捕、交易、运输在野外环境自然生长繁殖的陆生野生动物,生物安全将纳入国家安全体系。

在新冠肺炎疫情爆发的同时,非洲之角的肯尼亚发生70年来最严重的蝗灾,埃塞俄比亚和索马里也发生25年来最严重的蝗灾。蝗虫侵入了沙特阿拉伯、苏丹、也门、阿曼、伊朗等国,数量之多几十年未见,多国已宣布进入紧急状态。严重的病虫害不仅会直接造成严重的经济损失,对生态环境的破坏难以估量,还有可能引发全球性的粮食危机。2020年3月17日国务院第86次常务会议通过了《农作物病虫害防治条例》,自2020年5月1日起施行,通过立法明确防治责任,规范防治规程和防治方式,鼓励和支持开展农作物病虫害防治科技创新、成果转化和依法推广应用,普及应用信息技术、生物技术,推进防治工作的智能化、专业化、绿色化。依法推广绿色防控技术,进一步加大了防治农作物病虫害力度,坚决保障国家粮食安全和农产品质量安全,保护生态环境。

灾难无情,人定胜天。历史告诉未来,今天书写历史!什么困难也阻挡不住中国前进的步伐,中国人民一定会用中国担当为构建人类命运共同体做出中国贡献。

本书融入了项目组成员对林业灾害应急管理工作的认识和思考,期间新冠肺炎疫情、病虫害等灾害的发生,让我们更加深刻认识到互联网技术在应急管理方面应用的重要性。这场疫情和蝗灾对林业应急管理工作的影响将在未来逐步显现,可以预见的是大数据、物联网、5G、北斗技术的应用将更加广泛深入,各类林业灾害应急预案的实用性和应急救援指挥体系的有效性将被重新审视,打破多部门、多机构间数据信息孤岛,形成多部门机构协同融合的工作势在必行,而这都将促进林业综合应急管理能力的提升。

但林业灾害应急管理领域十分复杂,既不是一本书所能完全涵盖的,也不是几个人的力量就能全面系统阐述的。本书是探讨“互联网+”新时代下的林业灾害应急管理与应用的初步探索和尝试,期待着更多的专家学者、同行,投身于互联网时代的林业应急管理事业中,开展自主创新、科技创新,为美丽中国的建成添砖加瓦。